寻味上海

本帮菜溯源

东湖集团 编

上海文艺出版社

序

近年来,经常有外省市的领导、友人问我:地道的上海菜还有吗?"本帮菜"能算菜系吗?

的确,自 1843 年上海开埠以来,"海纳百川"就成了上海的精神特质和现实样式,很多我们以为的正宗"上海货",其实是融百家之长的改良新品,或是舶来品,上海菜亦是如此。

按照目前行业内比较认同的说法,上海菜的发展大概经历了三个阶段:

——1843 年开埠前,地地道道的上海家常菜因大多源于浦东三林和高桥、嘉定、松江、金山、闵行马桥等上海及周边地区,至今被称为上海农家菜、土菜。其所承载的烹饪文化基因,可上溯到先秦时期,并在民间一直自发流传下来,历史悠久、底蕴深厚。

——开埠后,随着城市工商业的蓬勃发展,南北客商携苏浙皖的灶火匠心、天南海北的饮食智慧于此交融互鉴,催生出兼容并蓄的多元饮食风貌。同时,西餐的到来,让中菜西做成为上海餐饮独特的风景。通过杂糅、融合、创新,至 19 世纪 20、30 年代,涌现出一批名店、名厨、名菜,使本地菜特色更加完善彰显,逐渐沉淀为极具上海地域特点的菜系。时人为有别于已经盛行于世的几大菜系,称之为"本帮菜"。其烹饪技艺以烧、煸、炒、蒸、煮为主,尤以"浓油赤酱"为标志,其口感特点为"甜咸适宜、浓淡兼长、清醇和美"。

——改革开放后,上海经济腾飞发展,历经百年的"本帮菜"再次受到食客青睐,"本帮菜"餐厅也如雨后春笋,一派欣欣向荣之势。通过挖掘传统技艺、发扬优势特色、融合中西方文化,"本帮菜"也呈现出更为多元创新的繁复面貌。

为尽可能溯源"本帮菜",正本清源以裹改良创新,借传统彰显未来,我们决定集全集团之力,以田野考古、实物呈现等方式,来整理、复制上海传统菜系。

东湖集团下属各企业分别深入浦东、金山、宝山、嘉定、松江、闵行、青浦、奉贤、崇明等地乡村进行采风,拜访当地农委,与乡村厨师深入交流,找寻、挖掘产地特色食材供应;梳理、复刻近十年来上海各区农家菜比赛获奖作品,收集、整理有关菜品的渊源掌故;探店网红餐厅;举行名厨名师研讨会……功夫不负有心人,我们欣喜地发现,上海"本帮菜"的源头,竟如此源远流长、博大精深!如能散发兰花香气的松江兰花小茄、始种于南宋的嘉定白蒜,如油菜嫩苔加盐腌制而成的阿婆菜、前段直肠可以白切而后端圈子可以红烧的猪大肠,如中西合璧的手工色拉、改良于俄罗斯红菜汤的罗宋汤,处处都渗透着上海特有的风物人情。以此为基础,东湖集团餐饮研究会集结全集团最优秀的厨师,以最"正宗"的烹饪方式,校正、定型了近300道上海"本帮菜",从冷盆、热炒到小吃、糕点,可谓琳琅满目、精彩纷呈。

我们将此次溯源成果,汇编成《寻味上海:本帮菜溯源》,希冀能更多惠及大众,以"最上海""最江南"的文化本源,创造出食客最欢迎、最入味的特色菜肴。当然,我们的认识只是一家之言,对于仍处于发展演进中的"本帮菜",不可能囊括其所有。期待这本特别的菜谱能抛砖引玉,吸引更多人关注、关心上海菜,让上海"本帮菜"在新时代绽放出更为绚烂的生命活力。

目录

冷菜

四喜烤麸	2	手工色拉	15
开洋芹菜	2	包瓜炒肉丝	15
酱黄瓜	3	白切大肠	16
三林酱菜	3	白切猪肝	17
桂花糖藕	4	白切肚子	18
葱油金瓜丝	5	白切门腔	18
拌花菜梗	5	酱门腔	19
炒盐齑	6	马桥三白	19
饭蒸茄子	6	新场咸鸡	20
盐水花生	7	白斩鸡	20
酥炸青豆瓣	7	醉鸡	21
商榻菜苋毛豆	3	葱油小公鸡	22
秘制阿婆菜	8	川沙大桥鸡爪	22
糖醋弥陀芥菜	9	酱鸭	23
大焐银丝芥菜	9	新场盐水鹅	24
糖醋地生姜	10	糖醋排骨	24
醋汁白蒜	10	咸猪头肉	25
五香卤素鸡	11	冻猪头	25
蛋皮丝	12	冻猪手	26
菜卤蛋	13	枫泾丁蹄	26
如意卷	14	三宝糟肉	27

糟味拼盘	28	五香泥鳅干	30
油爆河虾	29	川沙什锦大拼盘	31
大团酒酿醉虾	29	脆鳝	32
烤子鱼	30	老醋海蜇头	32

热菜

葱油白蚕豆	34	扁豆烧红皮土豆	44
酱瓜炒白扁豆	34	红烧毛豆蛋饼	45
青咸菜豆瓣塌蛋	35	茄丝毛豆塌蛋	45
雪菜豆瓣炒本地笋	36	腌菜毛豆炒蛋	46
芡实菱角	37	咸菜毛豆百叶丝	47
韭菜咸肉炒百叶	37	臭豆腐烧毛豆子	47
农家南瓜	38	干煎臭豆腐	48
菜心烩双菇	38	毛豆蒸臭豆腐	49
葱油拌洋桥芋艿	39	水芹香干	50
生煸枸杞藤	39	焖蛋烩豆腐丸子	50
酒香草头	40	马桥豆腐饺子	51
青蒜烧萝卜	40	自制面筋煲	51
青雪菜烧冬笋	41	蟹汁面筋老黄瓜	52
油焖练塘茭白	42	徐泾汤炒三鲜	52
罗汉菜	42	荠菜熘黄鱼	53
腌黄瓜丝炒蛋	43	苔条小黄鱼	53
青扁豆炒甜酱瓜	43	椒盐鳑鲏鱼	54
酱烧毛扁豆	44	干煎带鱼	54

萝卜丝烧带鱼	55	淀山湖鳜鱼烫草头	73
椒盐小猫鱼	56	商榻菜苋菜花鱼	74
红烧白桃	57	瓜姜鳜鱼丝	74
红烧肚当	57	花雕蒸白水鱼	75
红烧乌青秃肺	58	糟烧尖沙鱼	76
银丝芥菜青鱼汤	59	银鱼炒土鸡蛋	76
韭黄氽糟鱼	59	泊浸盐焗甲鱼	77
红烧鮰鱼	60	雪菜粉皮烧菜花甲鱼	78
芹香青莲鱼圆	60	拆烩甲鱼	78
香糟双档鱼头汤	61	甲鱼烧梅山猪	79
葱烤河鲫鱼	62	目鱼大燠	79
生烧鲫鱼豆腐	62	虾籽大乌参	80
葱烤宝山鲈鱼	63	清炒鳝糊	81
松江四腮鲈鱼	64	大头菜笋丝黄鳝	81
红烧黑鱼	65	咸肉烧黄鳝	82
惠南黑鱼配饭	65	油豆腐咸肉蒸黄鳝	82
红烧团头鲂	66	鸡头米炒虾仁	83
红烧鳗鲡	67	白对虾	83
红烧鸡格郎	68	糟烧白米虾	84
雪菜烧昂刺鱼	68	抱腌菜竹笋烧白米虾	84
宣桥汤炖蛋塘鳢鱼	69	椒盐银钩虾	85
雪菜笋丝塘鳢鱼	69	青瓜烧河虾	85
梅菜捂肉船丁鱼	70	浓汤蚕豆河虾	86
南汇乌伦鲳鱼	71	酱油河虾	86
红烧米鱼	71	青茄烧小白虾	87
红烧本地杂鱼	72	小白虾蒸家户蛋	87
白煮烤子鱼	72	姜葱海白虾	88
鲦鱼饼烧豆瓣	73	毛蟹烧毛豆　年糕毛蟹	89

3

菜名	页码	菜名	页码
梭子蟹蒸肉饼子	90	笃鲜油三角	106
面拖梭子蟹	90	千张包肉	107
咸菜圈子	91	荠菜鲜肉百叶包	107
草头圈子	91	鸡汁双档	108
小肠烧百叶结	92	红烧黄酱包	108
酱爆猪肝	92	田螺塞肉	109
肚肺汤	93	红烧大蛋饺	109
糟钵头	94	咸蛋黄肉圆	110
笋干烧肉	95	咸菜烧卤汤肉	110
练塘茭白土猪肉	95	油渣咸肉笃豆腐	111
惠南扣甜肉	96	油渣烧白菜	112
虎皮蛋燔肉	97	猪油渣鸡毛菜	112
稻草扎肉	97	青菜慈姑猪油渣	113
腐乳汁酱方肉	98	七宝热气羊肉	114
咸猪头炖黄豆	99	张泽烂糊羊肉	114
黄豆猪脚汤	99	红烧崇明山羊	115
黄豆烧猪尾	100	红焖羊蹄	115
咸猪脚腌笃鲜	100	羊血羊杂汤	116
红烧蹄髈	101	毛豆子农家红烧鸡	116
马桥豆干烧筒骨	102	鸡骨酱	117
虾籽烧水发蹄筋	102	板栗扣鸡	117
酱油肉蒸崇明红皮土豆	103	草鸡水面筋汤	118
椒盐排条	103	花菜炒时件	118
排骨年糕	104	香芋啤酒鸭	119
八宝辣酱	104	牛肚雪菜烧水鸭	119
烂糊肉丝	105	八宝葫芦鸭	120
香肠蒸竹笋	105	慈姑扣鸭脯	120
油豆腐塞肉	106	鸡鸭血汤	121

堰八仙	123	捏菜炒河蚌	128
浦东老八样	124	河蚌烧豆腐	129
扣三丝	125	河蚌烧雪菜	129
汤肉皮	126	河蚌烧草头	129
蒸三鲜	127	雪里蕻炒蚬子肉	130
蜜汁走油蹄	127	韭菜炒海蜇	131
雪菜水面筋炖蚌肉	128	罗宋汤	132

主食点心

草头菜饭	134	赤豆糕	143
豇豆菜饭	135	条头糕	143
猪油拌饭	135	双酿团	144
鲜肉大包	136	青团	144
蔬菜包	136	鲜肉粢毛团	145
豆沙包	137	鲜肉汤团 豆沙汤团	146
生煎	137	鲜肉月饼	146
锅贴	138	阳春面	147
方糕	139	炒面	147
崇明糕	139	葱油拌面	148
定胜糕	140	麻酱拌面	148
松糕	141	冷面	149
徐行松糕	141	两面黄	150
叶榭软糕	142	荠菜大馄饨	151
绿豆糕	142	油煎大馄饨	151

麻酱馄饨	152	麻球	164
鲜肉小馄饨	153	烂糊肉丝春卷	164
糖糕	153	年糕团	165
大饼	154	塔菜冬笋炒年糕	166
葱油饼	155	菜茎草头塌饼	166
老虎脚爪	156	猪油/鸡油塌饼	167
海棠糕	156	大肉粽	167
油墩子	157	赤豆粽	168
米饭饼	158	八宝饭	169
萝卜丝酥饼	159	油豆腐细粉汤	170
蟹壳黄	159	咸豆浆	170
下沙烧卖	160	南瓜面疙瘩	171
南翔小笼	161	酒酿圆子	171
蟹粉小笼	161	桂花糖芋艿	172
油条	162	桂花糖粥	172
粢饭包油条	163	水果羹	173
粢饭糕	163		

冷菜

四喜烤麸

本帮四喜烤麸的雏形最早源于上海功德林素菜馆。因沪语"烤麸"与"靠夫"谐音,寓意家中男丁取得进步、功成名就。这道菜如今已成为上海人年夜饭中常见的冷菜。

口味:咸中带甜
制作:将烤麸撕成大小均匀的块状,焯水捞出;与冬笋、香菇、黄花菜和花生米一起放入锅中,加入适量酱油、糖、料酒等调味,翻炒均匀,加水焖烧至金黄,收汁装盘。

开洋芹菜

"开洋"即鲜虾去皮、晒干后的虾仁干。除了芹菜,茼蒿、马兰等时令新鲜蔬菜,亦可与开洋凉拌。

口味:咸鲜
制作:摘洗后的新鲜芹菜切段,焯烫至断生,冰水过凉备用;与开洋凉拌,加入适量盐、香油调味后装盘。

酱黄瓜

酱黄瓜是上海人夏季餐桌上常见的一道小菜,深受老百姓喜爱。腌制后的嫩黄瓜,浸在酱汁里,吃口脆脆的、甜甜的,咸味不突出,鲜味更明显。

口味: 咸鲜甜

制作: 将黄瓜和小尖椒用盐腌制,挤干水分;大蒜和姜切片,混合白糖、白酒、酱油、色拉油和味精,放入罐中,加入黄瓜和小尖椒,密封罐口。

三林酱菜

三林地区自古就有家家户户腌制酱菜的传统,相传三林酱菜在明朝曾被奉为贡品。三林酱菜制作技艺还入选了第4批浦东新区非物质文化遗产名录。

口味: 咸甜

制作: 黄瓜洗净擦干,切成小拇指粗细的条状;撒上2勺盐,翻拌均匀,腌制5—6小时后滤干水分;酱油烧开晾凉,姜蒜拍碎切块,将腌制后的黄瓜与姜蒜一起放入酱油即可。

桂花糖藕

古代的灌藕是把蜜、麝香、面粉调制成糊状,灌入藕中塞紧实,煮熟切片。现今面粉换成了糯米,麝香被桂花替代了,突出甜度和黏性,吃起来别有一番风味。

口味:甜糯
制作:莲藕洗净刮皮、切开,小块留作帽盖,将事先泡过的糯米塞入莲藕孔内;用牙签将藕盖与藕身连接固定;放入锅中,加糖、桂花、水,大火烧开,转小火煮熟;烧好的糖藕放凉,切片装盘,淋上甜汁。

葱油金瓜丝

崇明特产黄金瓜，用葱油一拌，脆香爽口。亦可与海蜇丝、萝卜丝、莴苣等相拌。

口味：咸鲜

制作：金瓜切半去籽，入沸水煮，煮熟后自然成丝；用调羹刮丝入冰水浸凉后，捞出挤干入碗备用；油锅烧热放入葱花爆香，加入适量盐和味精做成葱油；将葱油淋入金瓜丝拌匀即可装盘。

拌花菜梗

相传大文学家王安石家庭贫困，他的母亲发明了一种腌制花菜梗的方法，后来这道菜因其独特的风味和保存容易而广受欢迎，被称为"相思梗"。

口味：香脆

制作：将崇明白花菜梗清洗干净，去皮、切段，用适量盐腌制20分钟；用清水冲洗干净，沥干水分；调味后装盘。

炒盐齑

盐齑，即崇明方言中的咸菜，通常由芥菜或者草头腌制而成，具有独特鲜味。相传，唐时流落启东的骆宾王将野菜摊晒后拌盐腌制，与小鱼小虾一同烧汤，鲜美至极。崇明因邻近启东，沿用了"盐齑"的称谓。

口味： 咸鲜略甜

制作： 盐齑浸泡洗净后挤干水分备用；锅内放入猪油将葱丝、姜丝煸香，倒入盐齑炒制，加少许糖及香油调味即可。

饭蒸茄子

松江兰花小茄，又被当地人称为"小落苏"，小茄外皮薄而肉质细嫩，因能品尝出独特兰花香气而得名。

口味： 香滑

制作： 将两勺生抽、半勺老抽、一小勺味精加入菜油麻油调匀；在烧米饭的时候，在上方放入洗净的茄子，大火烧开后转中小火蒸焖15分钟，蒸好后取出撕成条，将调料倒在茄子上即可。

盐水花生

盐煮花生最重要的一步是把煮好的花生在汤里泡4小时。

口味：咸鲜

制作：花生洗净，放入清水浸泡备用；清水中加入适量盐及其他调料，烧开后将浸泡好的花生放入锅中，中小火炖煮；花生煮至软糯，即可关火出锅。

酥炸青豆瓣

《乾隆崇明县志》早有记载：蚕豆，俗称寒豆。在崇明地区，蚕豆通常于寒露时节播种，幼苗需经历整个冬季，因此得名"寒豆"。蚕豆时令短，老得快，一旦过了最佳食用期，表皮颜色变暗，便可以剥去外壳，烹饪豆瓣。

口味：鲜香

制作：油温七成左右，下入豆瓣炸至变色且有酥脆感，捞出入盘备用；加入少量绵白糖、食盐，再和豆瓣拌匀即可食用。

商榻菜苋毛豆

青浦区民间腌制的咸菜苋，起源于淀山湖畔的商榻镇。这道小吃也是品闻名四方的"阿婆茶"时必吃的一道美食，酸中带咸，咸里带鲜，鲜里带脆，吃一根菜苋，品一口香茶，情趣盎然。

口味：鲜嫩

制作：将腌制菜苋切末，毛豆焯水；锅中加入食用油煸炒菜苋和毛豆，调味后取出晾凉装盘。

秘制阿婆菜

用油菜的嫩苔加盐腌制，在上方放置石板压制成的阿婆菜，是江南水乡颇有名气的农家菜，味道比雪菜更鲜嫩得味，还带点清香。

口味：咸鲜

制作：油菜心洗净焯水备用；阿婆菜切碎；锅中放少许油，煸香阿婆菜，再放入油菜心翻炒，加少许水调味后焖片刻即可装盘。

糖醋弥陀芥菜

弥陀芥菜茎根部有一个圆鼓鼓的凸起，如同弥勒佛的大肚子，所以被叫作"弥陀嘎菜"。

口味：糖醋
制作：弥陀芥菜洗净后焯水，沥干水分；锅中放入弥陀芥菜，调味后小火焖至软糯即可。

大焙银丝芥菜

中国栽培芥菜历史悠久。北宋苏颂撰《本草图经》、明代王世懋撰《瓜蔬疏》、明代李时珍撰《本草纲目》都谈到了芥菜。

口味：香嫩
制作：银丝芥菜洗净后切段，焯水后沥干备用；冬笋、胡萝卜切丝焯水；香菇、黑木耳、金针菜温水泡发后切丝；热锅少油，先炒丝至半熟备用；另锅多油，煸炒银丝芥菜至软，加入各种丝翻炒均匀；加盐、糖、醋和开水，焖煮10—15分钟即可。

糖醋地生姜

地生姜，又名姜不辣，乡间也称外国生姜，即洋生姜。地生姜与生姜的区别是，生姜味微辣，而地生姜不辣且有点甜味。糖醋地生姜佐粥、配饭都极为爽口，是简单又美味的下饭神器。

口味：酸甜

制作：地生姜表面洗净，切成薄片，用盐抓匀后腌制15分钟；凉开水冲洗姜片，挤去多余水分；锅烧热加底油，翻炒地生姜，加入盐、白糖、香醋、生抽调味即可。

醋汁白蒜

相传嘉定白蒜始种于南宋，因蒜头肥大、瓣形粗壮、色泽洁白、肉质脆嫩、辣味浓烈，与江苏太仓、山东苍山和新疆吉木萨尔的白蒜齐被誉为"四大名蒜"。

口味：酸甜

制作：白蒜清洗干净并晒干、去皮；放入玻璃瓶中，注入白米醋，加入冰糖；确保瓶口封上保鲜膜，再盖上密封盖；浸泡一个月以上，最佳浸泡时间为三个月。

五香卤素鸡

素鸡的制作方法通常是将豆腐皮卷起,经过蒸煮或油炸等工艺处理,使其变得紧实且富有弹性,外观和口感都与鸡肉相似。这种食品不仅在佛教徒中流行,也逐渐被更广泛的素食者和非素食者所接受。

口味:香滑

制作:葱洗净,切葱花备用;锅中油温七成,煎素鸡至两面金黄,捞出沥干;素鸡泡凉开水 10 分钟;另锅加水少许,放入适量八角、桂皮、香叶、生抽、老抽和糖;素鸡连水倒入锅中,中小火煮约 8—10 分钟至软糯;大火收汁,淋麻油,撒上葱花即可。

蛋皮丝

最初，厨师利用做菜剩下的蛋皮切成丝，作为凉菜的一部分。随着时间的推移，蛋皮丝逐渐演变成一道受欢迎的菜肴。

口味：香

制作：鸡蛋打到碗里，放入适量盐、生抽，再放一勺到两勺淀粉；锅中烧油，油热后转成小火，放入鸡蛋液，慢慢让其流动摊开，摊薄之后转成中大火，再翻面，两面煎到金黄色后出锅，切成丝即可。

菜卤蛋

菜卤蛋是奉贤的一道春季时令菜。每到雪里蕻丰收的季节,奉贤人都会去采摘,并将其洗净入坛腌制。腌咸菜和腌菜过程中产生的咸菜卤,就用来做菜卤蛋。

口味: 咸鲜
制作: 将鸭蛋洗净 放入咸菜卤一起煮熟,浸泡过夜即可。

如意卷

如意卷是一道经典的上海家常菜，因其"吉祥如意"的寓意，特别适合春节餐桌。金黄色鸡蛋皮包裹着松软的肉馅，好看更好吃。

口味：鲜香
制作：肉糜调味备用；鸡蛋摊成蛋皮，覆上一张海苔，酿入肉糜，卷成如意形；上蒸箱大火蒸熟，改刀装盘即可。

手工色拉

老上海手工色拉是1843年上海开埠后外侨传带来的西式土豆色拉，融入上海本地特色后渐渐改良而成的一道"海派西餐"。1930年上海知名西餐厅红房子开张时，已有"上海色拉"作为开胃的头菜供应。

口味：奶香
制作：土豆蒸熟后切成丁状；香肠切丁备用；青豆焯水，过冰水冷却备用；无菌鸡蛋黄加入色拉油和柠檬汁打发成蛋黄色拉酱；上述食材搅拌均匀即可。

包瓜炒肉丝

崇明甜包瓜又称酱包瓜、包瓜，制作工艺始于清代中期，是崇明著名特产之一。包瓜肉质晶莹透亮，水分充足，口感脆嫩，味道浓郁丰富，1984年被评为华东地区特色酱菜。

口味：咸鲜
制作：包瓜切丝，略泡水去咸味；猪肉切丝上浆；包瓜肉丝拉油滑炒后调味，略勾芡即可。

白切大肠

白切大肠在宝山的民间菜里有很高的地位,几乎每家会做。大肠切得薄,特意留一圈肥油,脆韧干香,吃得出新鲜。此外,松江、浦东也有白切大肠。

口味:原味

制作:猪大肠放在盆中,加面粉、白醋和少许小苏打,用手仔细搓洗;加清水浸泡,将大肠翻面,撕掉内层油脂,再加入面粉、白醋和少许小苏打,搓洗浸泡,如此反复三次;清水中加入适量姜片、八角、桂皮、料酒和盐,干净大肠入锅,大火煮沸后转小火慢炖;炖煮后将大肠捞出,晾凉后改刀。

白切猪肝

白切猪肝,配酱油、醋、蒜蓉,蘸着吃.口感丰腴鲜香,是老少皆宜的传统菜。

口味:原味

制作:猪肝放入炖锅中,加入适量清水大火烧开,撇去浮沫;加入葱、姜、八角、桂皮,转小火慢炖;完全熟透后,捞出晾凉,切成薄片。

白切肚子

白切肚子体现食材的原汁原味。

口味：原味

制作：猪肚用面粉和白醋清洗干净；锅内放入八角、葱姜，倒入清水将猪肚煮沸，撇去浮沫，转小火煮至可将筷子插入即可；捞起冷却后改刀。

白切门腔

将门腔（猪舌和猪下颌骨间的肉）煮熟后切成薄片，再配以调料，即为"白切门腔"。随着渔民的迁徙与人口交流，这一菜肴传入了上海的浦东、宝山、金山等区。

口味：原味

制作：门腔去除表面杂质和舌苔白皮；清水中加入适量姜片、八角、桂皮、料酒和盐，干净门腔入锅，大火煮沸后转小火慢炖；将门腔捞出，晾凉后修整改刀。

酱门腔

门腔其实就是猪的舌头,但是舌头不好听,松江人一般叫"赚头"、门腔。酱汁菜肴在松江年夜饭里还是蛮多的,如酱牛肉、酱鸽子、酱鸭等。本帮浓油赤酱自有其独特魅力,猪舌嫩而不腥,浓郁的甜口酱汁拌饭也好吃。

口味: 咸鲜

制作: 门腔清洗后放入清水,加入生姜、香葱,大火煮沸转小火慢煮;加入八角、桂皮、酱油、白糖和少许盐调味后卤至酥软;收汁至浓稠,冷却后改刀。

马桥三白

马桥三白即白切肚、白切肠、白切鸡。

口味: 鲜咸

制作: 猪肚、猪大肠洗净入锅,焯水后再次清洗;锅中放入葱、姜、八角、香叶,倒入水、黄酒,下锅煮一个半小时;把洗净的草鸡放入开水里焯水,倒入凉水冷却,再焯水冷却,反复几次后捞出改刀装盘。

新场咸鸡

新场咸鸡是浦东新场镇的传统名菜，肉嫩皮爽脆，风味独特。

口味：咸鲜

制作：草鸡洗净擦干水分，用盐擦拭，淋上白酒，在肚内塞入葱姜腌制一天；将腌制草鸡放蒸笼内蒸制；蒸熟后拿出，刷上香油，冷却后改刀装盘即可。

白斩鸡

白斩鸡的历史可以追溯到清代，当时的酒楼为了简便，选择了不加任何调味料的白煮方式来烹制鸡肉，因食用时随吃随斩，故得名"白斩鸡"。《随园食单》中，白斩鸡被记载为"白片鸡"，并被列为鸡类菜肴的首位，袁枚赞其有"太羹元酒之味"，即具有类似肉汤和美酒的美味。

口味：鲜香嫩

制作：三黄鸡洗净备用；汤锅装满水，大火烧开，放入青葱、黄酒和姜片，将鸡放入锅中，盖上盖子，大火煮 20 分钟，直到筷子可插入鸡肉；将煮熟的鸡捞出，冰水浸泡 5 分钟；将鸡捞出，沥干水分，切块装盘；调配蘸料：将生抽和糖拌匀，加入姜末、葱末和香油。

醉鸡

醉鸡是本帮特色菜,制作过程简单,但大繁至简,人间至味!

口味: 脆嫩

制作: 三黄鸡洗净,葱结、姜片放入开水锅中,拎着三黄鸡头部把鸡身放入开水中反复氽烫3次;三黄鸡放入锅中,关火加盖焖30分钟,取出用冷水过凉,沥干水分;煮锅倒入凉水,放入香叶、八角、丁香、香葱结、老姜片、盐、冰糖搅拌均匀,大火烧开,关火晾至凉透;凉透的香料水中加入花雕酒、白酒调成醉鸡卤汁备用;将三黄鸡改刀,倒入醉鸡卤汁,加盖密封放置24小时,即可食用。

葱油小公鸡

葱油鸡的起源可以追溯到宋朝时期，当时的做法已与现代相似。相传一位酒楼大厨与东家打赌，要创造出30种不同风味的鸡肉菜肴，经过一番深思熟虑，研制出了葱油本地小公鸡。

口味：香嫩
制作：烧一锅开水，将鸡放入烫熟；捞出冷却后改刀成馒头状；装盘，淋上葱油。

川沙大桥鸡爪

20世纪80年代，随着熟食零售许可的放开，浦东川沙地区涌现出一批熟食店，其中大桥熟食店的鸡爪因软糯鲜美、汁水饱满、口感醇香，成为众多食客难忘的美食。

口味：酱香
制作：鸡爪去除表面污垢和杂质，洗净；放入特制卤汁中腌制；腌制后，再放入卤汁中烧煮入味。

酱鸭

相传酱鸭起源于五代时期的南唐年间。有一位来自江南的学士姓陈名宝忠,是南唐朝廷的重要官员。陈宝忠精通烹饪技艺,他创始了一种制作鸭肉的新方法,并因此而闻名天下。

口味: 酱香

制作: 鸭子冷水下锅,焯水后捞出控干水分;抹上酱油上色,过油捞出,锅中留油,放入葱、姜、八角、香叶煸香,加入清水、料酒、酱油、冰糖烧沸,改小火焖烧至用筷子能轻松扎透鸭子肉最厚地方,开始中火收汁,直至把汤汁收浓收尽即可关火。

新场盐水鹅

新场盐水鹅以其独特的口感和烹饪工艺著称,肉质鲜嫩、汤汁浓郁,将鹅肉的鲜美与盐水的清香完美结合。

口味:咸鲜嫩
制作:粗盐和花椒一起炒制后晾凉备用;鹅洗净擦干,将炒好的椒盐均匀涂抹于鹅身及内膛,淋上白酒;腌制数天后,挑去花椒,放入大锅中煮熟即可。

糖醋排骨

糖醋肉最早出现在南宋时期的江南地区。相传清朝时期一位厨师为乾隆皇帝烹制了糖醋排骨,乾隆皇帝对其赞不绝口,也使得这道菜名声大噪。

口味:糖醋
制作:猪肋排切块焯水后洗净;将葱、姜煸香后倒入排骨煸炒调味,转小火焖至酥软;大火收汁,最后加一汤匙香醋,至汁水浓稠即可。

咸猪头肉

在中国人食用的肉类菜肴中,以猪肉为原料的最多,猪还被人冠以"广大教主"之名。清代袁牧《随园食单》记有"猪头二法"。

口味: 咸鲜
制作: 将腌制好的猪头肉洗净;放入大锅中,加入适量清水和调料,慢火炖煮至酥烂入味;晾凉后切成薄片即可。

冻猪头

所谓"冻猪头",就是在熬煮好的猪头浓汤里,加入各种作料煮透,再冷却成琥珀色胶质状的美味吃食。入口之后,如同果冻般的胶质物融化在口腔里。听起来简单,却是道功夫菜,在浦南地区,有逢年过节做冻猪头的习俗。

口味: 咸鲜
制作: 将猪头切丁,洗净待用;锅中加水,猪头肉丁放入加温;开锅后将漂起的泡沫撇出,加入香料包、酱油、盐、姜片、鸡精等作料,再盖锅加温,熟制后(一般要30分钟)捞起冷却,改刀即可。

冻猪手

古人煮猪脚后留下汤底,第二天,汤汁冷却凝固,形成了一块块晶莹剔透的冻状物,这就是传说中猪脚冻最早的由来,后经厨师打磨,成就了一道美味的佳肴。

口味: 滑爽

制作: 猪手洗净入锅,加入适量姜片、料酒等调料;加水大火煮沸,转小火慢炖至肉质酥烂,汤汁浓郁;将炖好的猪手取出,剔除骨头,留下肉质细嫩的部分;将肉切成小块装盘,加入调味汤汁,放冰箱凝固成冻。

枫泾丁蹄

枫泾丁蹄由金山枫泾镇的丁义兴酒菜熟食店创始于公元1852年(清咸丰二年),已有170多年历史。1945年,丁蹄在德国莱比锡国际博览会上荣获金质奖章。

口味: 酱香

制作: 枫泾猪蹄髈(猪肘)去净茸毛,抽掉管骨,经开水焯去污血,修整齐;猪蹄髈入锅,倒入老卤,调味后先用大火烧开,再用小火焖煮;经旺火烧煮使卤汁紧包猪蹄入味后,取出去骨,冷却凝固后切片装盘。

七宝糟肉

糟肉早在清末民初就成为七宝当地居民最喜爱的家常菜之一。糟肉开坛时,满屋酒香和肉香。

口味:糟香
制作:五花肉洗净改刀;锅中烧水,放入葱、姜、五花肉,水开后撇去血沫;转小火煮至八成熟,捞出冷却,浸入调制的糟卤中,临吃前捞出切片装盘即可。

糟味拼盘

糟菜咸中带甜,油而不腻,是许多上海家庭夏季重要的开胃菜。草虾、肚尖、鸭肫、毛豆等食材都可以糟制。

口味:香
制作:烧一锅清水,放入葱姜、盐、花椒,将草虾、肚尖、鸭肫、毛豆煮开后放入冰水降温;完全冷却后放入糟卤浸泡。

油爆河虾

这道菜源自苏锡帮的船菜,传入上海后,经由厨师精心改良,特别是在火候掌控与调味技艺上进行了优化,更加贴合本地食客口味偏好。

口味: 咸中带甜

制作: 河虾洗净,剪去虾须和虾脚备用;锅中油热至约220度,倒入河虾油爆18秒,虾身变红变脆立即倒出沥油;锅留底油煸香葱姜,烹入料酒,加入生抽、老抽和白糖调味;倒入河虾翻炒均匀即可。

大团酒酿醉虾

大团镇地处长江口以南,拥有丰富的水产资源。同时,大团地区盛产糯米,自古以来便有酿造甜酒的传统,此菜制作技艺已有百年历史。

口味: 醉香

制作: 将虾洗净;喷入白酒之后再加入盐、糖、白酒、糟卤拌匀腌制1小时;加入酒酿盖满全身,过夜第二天即可食用。

烤子鱼

雌性凤鲚,崇明当地称其为"烤子(籽)鱼",扬名遐迩的崇明特产。因鱼的形状像凤凰的尾巴,又以"凤尾鱼"闻名。

口味:咸中带甜

制作:烤子鱼去头拉出内脏,留下鱼子,洗净滤干备用;将料酒、酱油、糖、葱姜粉、五香粉和适量清水放入锅中烧开,小火熬煮5分钟成为卤汁;油锅烧热,放入烤子鱼炸至外酥里松,趁热浸入卤汁2—3分钟,入味捞出装盘即可。

五香泥鳅干

五香泥鳅干先用油炸再用五香汤汁进行煨煮,使得这浓郁的汤汁将酥脆的泥鳅包裹,一口下去香而不腻、外酥里嫩。

口味:咸鲜

制作:将沥干的泥鳅放入盆中,加入食盐和姜末拌匀,静置3—5分钟使其入味;锅中加油烧至五成热,逐个放入泥鳅,用大火炸至呈浅黄色后捞出;再次加热锅中油至六成热,将泥鳅倒入锅中,大火炸20—30秒至呈金黄色后捞出;泥鳅冷却后,用密封袋装好,放入冰箱冷冻即可。

川沙什锦大拼盘

寓意五谷丰登,阖家幸福。使用传统腰型瓷盘摆出一个形如艺术品的大团圆作品,过年仪式感直接拉满。用材有20种之多,多荤少素,品尝时层层惊喜不断涌现,是川沙人记忆中年味的味道。

口味:多味
制作:将猪肚、肋排、青鱼、草鸭、三黄鸡分别戍熟定形;用辣白菜、糖醋排骨打底;红肠、猪肚、熏鱼、酱鸭、咸鸡等食材切成刀面码放在上面;顶部放上皮蛋和肉松盖帽。

脆鳝

脆鳝是一道具有百年历史的本帮菜，由太湖船菜中的脆鳝发展而来。脆鳝酥松鲜美，牙齿不好的老人也能品尝。

口味：香脆
制作：将黄鳝放入 3% 盐水中煮至嘴张开后取出；清洗后沿脊骨切下鳝肉；在八成热油中炸 3 分钟捞出；待油温降至五成热时，再将鳝丝入油，反复炸三四次；使鳝体基本排尽水分，另用绍酒、姜末、酱油、白糖烧沸成卤汁，与鳝鱼条翻炒后出锅。

老醋海蜇头

老醋海蜇头是一道家喻户晓的下酒菜，选用上等的特制酱料，色泽透亮，端上来时有一股奇异香味扑鼻，清香是从海蜇皮渗透出的。咬下第一口，脆生生的，却很厚实，吃到后面就越发觉得清爽可口。

口味：香脆
制作：海蜇头洗净改刀，焯水后迅速放入冷水冷却，以保持其脆嫩；混合老醋、蒜末、盐和糖制成调味汁；海蜇头沥干后放入碗中，加入调味汁、香菜和香油，轻轻拌匀。

热菜

葱油白蚕豆

嘉定白蚕豆，又名大白蚕豆，是嘉定区的名特产蔬菜之一。据清光绪年间《嘉定县志》记载："白蚕豆，大如拇指盖，味佳胜他邑。"嘉定白蚕豆豆瓣肥大而略扁、豆皮白而薄嫩，吃口上相比其他品种更为香糯。

口味：香
制作：蚕豆洗净，蒸5分钟沥干；油热后炒蒜末和红椒丝，加入蒸好的蚕豆快速翻炒；加水、盐、糖和味精，焖煮至蚕豆开口，撒葱花，勾芡后出锅。

酱瓜炒白扁豆

崇明白扁豆俗称洋扁豆，可药用，有补血调养之功效，素有"白色珍珠"之美称，是崇明区的特色经济作物，闻名于上海、江苏、浙江等地。每年夏天白扁豆成熟时，都有游客被吸引前来采摘留念。

口味：咸鲜
制作：将白扁豆洗净，过油；锅留底油煸香酱瓜丁，下入白扁豆，调味，焖酥即可。

青咸菜豆瓣塌蛋

青咸菜豆瓣塌蛋是不少吃客心中的美味，甚至有人形容这道菜是"一箸入口，三餐不忘"，是嘉定本地常见的家庭菜肴。

口味：咸鲜

制作：青咸菜切粒煸炒备用；豆瓣入沸水至熟，倒入打好的鸡蛋液里，调味；热锅凉油煎至两面金黄，改刀装盘，淋入鱼豉油即可。

雪菜豆瓣炒本地笋

雪菜又称雪里蕻,与春笋搭配,让雪菜的咸香与春笋的鲜香完美融合,形成一道连接了冬与春两个季节的风味小菜,再加上最新鲜的蚕豆仁,剥去外壳,嫩绿的豆瓣看着都眼馋。

口味:鲜咸
制作:雪菜洗净切末、笋切丝备用;豆瓣煮熟,捞出沥干;雪菜煸香,放入豆瓣、笋丝炒熟调味出锅。

芡实菱角

芡实，又称鸡头米，营养丰富。芡实、菱角都是江南"水八仙"之一，在历史上素享盛名，曾有"鸡头、菱角半年粮"的说法。

口味：咸鲜

制作：洗净的芡实和菱角入锅，加入适量清水，小火慢慢炖煮；煮至芡实和菱角变得饱满时捞出，翻炒调味即可。

韭菜咸肉炒百叶

百叶，亦作千浆皮子、百页、豆腐皮、千张等，传统豆制品，形薄如纸。中医理论认为，百叶性平味甘，有清热、养胃、解毒等功效。这道菜结合了清香的韭菜、香咸的咸肉和软嫩的百叶，是一种色、香、味俱佳的传统口式佳肴。

口味：咸香

制作：韭菜刃段、豆皮切条备用；油锅烧热，下姜蒜末、红椒丝、咸肉丝爆香，倒入韭菜快速翻炒；放豆腐皮，加盐调味，翻炒均匀即可出锅。

农家南瓜

在秋冬季节,旧时闵行的农家妇女都会利用家中的余火焖南瓜。这道菜成为了农家的特色菜肴,代代相传,是闵行饮食文化的一部分。

口味:鲜咸

制作:本地南瓜洗净改刀,放入特调蚝汁静置半小时;在锅底加入干葱头、大蒜、生姜煸炒起香;在其上放入南瓜,加入食用油,淋入适量特调蚝汁,加盖焖焗至南瓜成熟,将南瓜放入器皿中,用绿色时蔬点缀即可。

菜心烩双菇

烩双菇在不同的历史时期有着不同的表现形式。在"花雕宴"中就有一道名为"金银双菇"的菜品。

口味:香脆

制作:香菇、白蘑菇洗净切块,菜心洗净,从根部切对半备用;锅中烧开水,加入一勺盐,香菇和白蘑菇焯至微变软后捞出;热锅冷油,将双菇炒软后装盘;另起锅,加适量油,倒入菜心炒至呈翠绿色,加一勺盐和少许白糖,翻炒片刻再加入炒好的双菇,翻炒均匀即可装盘。

葱油拌洋桥芋艿

洋桥芋艿营养丰富,含有蛋白质、钙、维生素等,是罗泾特色农产品之一。洋桥芋艿指的是"红梗芋",与普通芋艿相比更酥软,质地更醇厚细腻,没有板结块。因其种植难度不高,推广起来也比较容易,当地农户家家都种。

口味:咸鲜
制作:芋艿洗净沥干水分,蒸至软糯,去皮改刀备用;起锅烧油将葱花煸香,再下入芋艿在锅中翻炒调味即可。

生煸枸杞藤

《红楼梦》中的那些少爷小姐们山珍海味吃腻了,偶然也商议"要吃个油盐炒枸杞芽儿来"。上海春季佳蔬"生煸枸杞头",就是从古代的"油盐炒枸杞芽儿"发展而来。

口味:鲜嫩
制作:枸杞藤清洗干净,加入盐、糖、鸡粉生炒;鸡汤调味放入枸杞,淋入炒好的枸杞藤。

酒香草头

草头也被称为"黄花苜蓿""金花菜""黄花草子",南苜蓿是它的学名。

口味： 酒香 咸鲜

制作： 草头洗净沥干备用；碗中放一勺盐、一勺白糖、一勺生抽、一勺酱香型白酒、一勺温水拌匀；起锅烧油至冒烟后，倒入草头，再立即倒入兑好的料汁，快速翻炒即可出锅。

青蒜烧萝卜

松江讲究"三当菜"，即当季、当地、当日。春天的应季蔬菜萝卜有通气、消食、利尿等功效。春日绿意中，也有一种既美味又养生的蔬菜——青蒜，《滇南本草》中描述其味辛、性温，能醒脾、消食、解毒。

口味： 鲜

制作： 萝卜切滚刀块，下入水中煮到变透明；炒锅烧热加入青蒜炒香，下入煮好的萝卜、生抽和适量清水，炖煮10分钟；加入砂糖调味，淋入水淀粉勾芡即可。

青雪菜烧冬笋

南方人对冬笋的喜好,与时令时节合拍,与风土人情相宜。论口感,冬笋有着春天时蔬的柔嫩和秋冬时蔬的甘甜。上海人喜素,青雪菜烧冬笋色泽碧绿洁白,清鲜脆嫩,是冬天里最真切的"一口鲜"。

口味: 鲜

制作: 将冬笋切块焯水,1分钟后捞出,用凉水冲洗后沥干水分备用;锅中加入色拉油和猪油,加热后加入冬笋,用中火翻炒3分钟;加入青雪菜和少许白糖,继续翻炒2分钟,以提升鲜味,如果锅中太干 可以加入15毫升左右的水;用少许水淀粉勾芡,滴几滴香油,翻炒均匀后即可出锅装盘。

油焖练塘茭白

茭白,素有"水中人参"的美誉。说起茭白,那就不得不提"茭白之乡"青浦练塘,它还被誉为"华东茭白第一镇"。

口味:酱香
制作:练塘茭白切滚刀块,入油锅炸制;锅留底油煸香葱姜,放入茭白,加酱油和糖调味,略焖后收汁淋麻油。

罗汉菜

罗汉菜是嘉定南翔的特产。刚采摘的罗汉菜又苦又涩,难以入口,需要用盐反复揉搓,去除其苦汁。罗汉菜味道独特,需要细品才能感觉得到它并非"先声夺人",而是含蓄的、持久的。初入口时并没有什么特别,甚至还略带苦涩,但当回味时,由舌根处慢慢升腾起的独特甘醇,悠长而连绵,清爽可口。

口味:鲜香
制作:新鲜罗汉菜加盐少许腌制后挤干水分备用;锅中加油将蒜爆香;加入腌制的罗汉菜爆炒调味即可。

腌黄瓜丝炒蛋

黄瓜腌制后能保持脆爽的口感，同时增添咸鲜的风味。腌黄瓜的爽脆与炒蛋的嫩滑相结合，既能增添菜肴的层次感，又能提供丰富的口感。

口味：鲜

制作：黄瓜刨皮切丝腌制，挤干水分；鸡蛋打散，加盐搅拌；热锅加油，倒入鸡蛋液快速翻炒至半熟后盛出；锅中加油，炒香葱姜蒜，加入黄瓜丝大火翻炒两分钟；将鸡蛋倒回锅中与黄瓜丝一起炒，加鸡精调味后出锅。

青扁豆炒甜酱瓜

以前上海居民集中的区域几乎每条小马路都有一两家酱油店。店里有酱菜专柜，玻璃格子内琳琅满目。走近，一股咸滋滋的香味扑鼻而来。当时酱瓜有不同的等级，高级的酱瓜售价胜过肉价。

口味：鲜咸

制作：青扁豆洗净改刀；甜酱瓜泡水后改刀；青扁豆焯水后与甜酱瓜煸炒，调味翻炒出锅。

酱烧毛扁豆

泥城种植的扁豆,称为"红刚青扁豆",当地几乎无人不知无人不晓。当地人将毛豆和扁豆一起酱烧,成为一道特色菜。

口味: 香
制作: 清洗毛豆、扁豆;锅中油热后放入蒜蓉、姜末炒香;加入毛豆、扁豆、酱油、盐和白糖,翻炒均匀;加水覆盖毛豆、扁豆,盖锅盖焖煮至熟透;汤汁浓稠后出锅。

扁豆烧红皮土豆

扁豆口感糯软,与新出土的崇明红皮土豆一同烹制,更能展现出崇明的独特风味。

口味: 咸鲜
制作: 土豆去皮切块过油;扁豆去茎、焯水;锅中放油,将两者放入煸炒,调味后烧至入味,收汁装盘。

红烧毛豆蛋饼

无论是在闵行的城市还是农村，毛豆蛋饼都是一种受欢迎的小吃，人们可以在街头巷尾的小摊上买到它。红烧毛豆蛋饼则独具上海浓油赤酱的特色，成为闵行人必备家常菜。

口味： 鲜咸

制作： 将毛豆取肉，焯水后过凉水捞出；鸡蛋打散煎成蛋饼后改刀；将蛋饼与毛豆肉调味后煨制即可。

茄丝毛豆塌蛋

相传茄丝毛豆塌蛋最初由一位清朝御厨创制。他在传统的炒鸡蛋基础上进行改良和创新，加入了茄丝和毛豆，形成了独特的风味。

口味： 香嫩

制作： 打散鸡蛋，调味后摊成饼；茄子切丝，腌制后挤干水分；炒茄丝和毛豆，加蛋饼用清汤煨制。

腌菜毛豆炒蛋

在秋冬季节,老上海人会将菜帮子(菜的外层)洗净、腌制后挤干水分,切成碎花,再次腌制,然后与煮过的新鲜毛豆、生姜米、葱花和胡萝卜丝一起炒制,味道鲜美,非常适合作为早餐或午餐的配菜。20世纪五六十年代,物资供应不丰富,人们常常利用剩余的蔬菜制作各种美味的家常菜。腌菜毛豆炒蛋因其制作简便、食材易得且美味下饭而广受欢迎。当时,许多人会自带这种菜到单位或学校,既解决了午餐问题,又节省了开支。

口味: 咸鲜
制作: 腌菜洗去咸味并切末,毛豆煮熟;鸡蛋炒熟调味,加入腌菜、毛豆及干红辣椒炒透。

咸菜毛豆百叶丝

咸菜毛豆百叶丝起源于清朝,最早出现在江苏、浙江一带的民间饮食中。当时的老百姓利用当地盛产的毛豆和咸菜,结合易于保存的百叶(即豆腐皮),创造出了这道既下饭又开胃的小菜。

口味: 鲜咸

制作: 百叶切丝,毛豆煮熟;咸菜切末,放入锅中炒香;放入百叶丝、毛豆仁调味即可。

臭豆腐烧毛豆子

臭豆腐烧毛豆子,是上海人在夏天用来下泡饭的极佳小菜,爽口入味,犹有清香,百吃而不厌。

口味: 咸鲜

制作: 臭豆腐切小方块,油炸至呈金黄色;毛豆子焯水;起锅放入炸好的臭豆腐、毛豆子翻炒调味,焖烧片刻,勾芡淋麻油。

干煎臭豆腐

臭豆腐干煎后,外皮脆香,内部则保持柔软多汁,口感层次丰富。臭豆腐本身具有独特的臭味,但这种臭味被外壳的香脆所掩盖,形成一种独特的香气,吃起来香喷喷的。通常会搭配酱料,如红辣椒酱,增加臭豆腐的味道层次,使其更加美味。

口味: 香脆
制作: 臭豆腐洗净沥干水分;起锅烧油,油热后放入臭豆腐煎至两面金黄即可捞出。

毛豆蒸臭豆腐

这种组合将毛豆的清新与臭豆腐的浓郁味道相结合，创造出一种新的风味体验。

口味：鲜嫩
制作：臭豆腐洗净；毛豆子煸炒后加鸡精、盐、油和臭豆腐码入盘中；大火隔水蒸 10 分钟即可。

水芹香干

人们常吃的芹菜大多是旱芹;而南方的水芹则是生在水中的。水芹菜亦是江南"水八仙"之一,中国自古食用,《吕氏春秋》中称,"云梦之芹"是菜中上品。

口味: 鲜咸

制作: 水芹菜去叶洗净,择小段备用;香干洗净切丝备用;锅中放少许油煸香香干,倒入水芹菜,翻炒调味即可。

焖蛋烩豆腐丸子

具有大理石花纹的鸡蛋糕,本地人称之为焖蛋。在古代,焖蛋烩豆腐丸子被称为"凤凰投胎",有着吉祥如意的寓意,象征着美好的生活。

口味: 咸鲜

制作: 五花肉敲打成泥,调味后制成肉丸;豆腐切粒沥干水分,肉丸均匀裹上豆腐粒蒸熟备用;鸡蛋打散调味,加淀粉水蒸制成鸡蛋糕,两面略煎后切件;起锅入菜油,加浓鸡汤,将豆腐肉丸、鸡蛋糕煨制调味后放入菜心装盘。

马桥豆腐饺子

相传,从中原南迁的先民,因南方少产麦,过年时吃不上饺子,便用豆腐替代面粉。嫩豆腐包饺子与客家酿豆腐做法相似,制作时更考验耐心。

口味: 鲜嫩

制作: 将马桥豆腐打成泥,调味后加鸡蛋、生粉压成水饺皮状,放入肉馅做成豆腐饺;锅中放入高汤、肉皮、菜心、黑木耳、方腿,加入豆腐饺调味即可。

自制面筋煲

面筋以小麦蛋白质粉(谷芫粉)为原料,用素油炸制,成品大小均匀、金黄溜圆、油光闪亮、皮薄松脆,装入砂锅中,经得起久煮,不破不碎,口味极佳。

口味: 咸鲜

制作: 锅中放入少许食用油煸香笋片和香菇,加一勺蚝油、一茶勺生抽略炒开,加小半勺白糖后倒入清汤煮开;加入面筋、香菇盖锅煮五六分钟;开锅加入一勺水淀粉勾芡收汁关火,即可装盘。

蟹汁面筋老黄瓜

江南地区水网密布,盛产螃蟹和各种蔬菜。当地厨师尝试将鲜美的螃蟹与面筋、老黄瓜等食材相结合,创造出独特的风味。

口味:香滑

制作:毛蟹煎制后加入猪油,熬蟹汁备用;老黄瓜切小块,锅中放少许食用油煸炒,加入蟹汁;加入面筋一起煨制后调味收汁即可。

徐泾汤炒三鲜

"徐泾汤炒"起源于青浦徐泾的蟠龙古镇,迄今至少有百余年的历史。"汤炒"技法在青东地区广为流传,是老百姓婚丧嫁娶等宴请中的特色菜。

口味:鲜咸

制作:将肉皮、冬笋、香菇焯水备用;加入浓汤烧制成奶白色后调味即可盛出。

荠菜熘黄鱼

"残雪初消荠满园,糁羹珍美胜羔豚",春寒料峭,乍暖还寒,荠菜因其不畏严寒、最早破土而出,成为上海市民喜迎春天的时令菜。

口味: 咸鲜
制作: 小黄鱼去骨切片,上浆备用;荠菜焯水后切末;黄鱼片滑油,放入鸡汤、荠菜末调味勾芡装盆。

苔条小黄鱼

苔条黄鱼是上海甬江状元楼20世纪30年代的名菜,形如蚕茧,丰实饱满,外层酥脆,内里松软。"面拖",就是挂糊油炸,考究的,放上苔条,就成了苔条黄鱼,作为江南特有的巧致烹饪技法,多藏于市井烟火之中。即便是不上台面的小鱼小虾,通过"面拖"一样可以做得有滋有味,还可以面拖蟹、面拖箸塌鱼等。

口味: 香嫩
制作: 小黄鱼去骨,改刀成条,用姜葱、料酒、盐腌制入味;挂苔条糊油炸至酥脆即可。

椒盐鳑鲏鱼

"冬鲫夏鲤,六月天的鳑鲏",金山的渔家会在夏季捕捞鳑鲏鱼,此时的鱼肉最为鲜美。以前村民用当地特产的五香料腌制,风干后食用,风味独特。

口味: 椒盐 咸鲜

制作: 鳑鲏鱼清理干净,放入盐、料酒、葱姜、胡椒粉拌匀,腌制20分钟备用;热油锅烧至七到八成热,放入鱼炸至金黄色捞出;锅里留底油,倒入炸好的鳑鲏鱼,撒上椒盐粉炒匀即可。

干煎带鱼

上海市饮食服务公司曾在1959年编辑过一本《带鱼食谱》,其中干煎带鱼是最简单最家常的烹饪方法,不刮鳞不裹粉,外酥里嫩,百吃不厌。

口味: 香脆

制作: 带鱼去除内脏清洗干净;切段腌制,吹干表面;起锅将油烧热,加入带鱼炸至表面金黄,装盘即可。

萝卜丝烧带鱼

萝卜丝烧带鱼不仅保留了红烧带鱼的经典风味，还增添了萝卜的清甜，使得整道菜更加鲜美可口。

口味：咸中带酒味
制作：带鱼切块煎至两面金黄；锅留底油，将姜末、蒜末、葱末、肉末、萝卜丝、豆瓣酱煸香，放入带鱼，加生抽、糖、盐调味，小火焖烧入味，收汁，淋香醋、麻油、红油即可。

椒盐小猫鱼

"小猫鱼"在上海方言中指很小的鱼,曾经是菜场出售的一种实该漏网的小鱼,由沪语"毛鱼"发音转变而来。过去,由于小猫鱼数量众多且易于捕捞,它们成为了当地居民日常饮食中的常见食材。用椒盐薄油慢煎,比起油炸更能保留小猫鱼的鲜味,肉多刺少,一口一个焦香。

口味: 咸鲜

制作: 清洗小猫鱼,去除内脏和黑膜,划刀,加盐、料酒和白胡椒粉腌制15分钟;混合淀粉、五香粉、花椒粉和鸡蛋成面糊,裹在腌好的鱼上,小火炸至金黄,每条约3分钟;为使鱼更酥脆,初炸后捞出稍凉,再高温快速复炸。

红烧白桃

红烧白桃选用的是优质青鱼脸,其特色就是白如雪、味极鲜,而且没有任何刺。因摆盘后鱼脸形状酷似葡萄,浦东人称葡萄为"白桃",得名"红烧白桃"。

口味:鲜香

制作:将青鱼头一斩两片,留鱼眼及四周的眼膛肉;猪油热锅,爆香葱姜,放入青鱼头(眼珠朝上),不翻动,用料酒去腥,盖上锅盖焖;加入酱油、糖和水,煮七八分钟;汤汁收至六成干,翻面,加麦粉和猪油,再翻面,淋醋后起锅。

红烧肚当

红烧肚当不仅用料讲究,烹饪上也严格秉承了传统的上海风味,浓油赤酱,色泽枣红,鲜甜通透。烹饪最后一步,为确保鱼腹与酱汁的充分融合,并且能让鱼腹漂亮地展现在食客面前,要把朝下的鱼皮翻过来,在锅内完成一个180度的翻转,这项技术也叫作"大翻勺"。

口味:咸中带甜

制作:青鱼肚当改刀成扇形,煎制定形;姜块、葱段用猪油煸香,放入肚当调味,焖烧入味收汁即可。

红烧乌青秃肺

报业泰斗赵超构在品尝青鱼秃肺后,曾著文称道:"所谓秃肺,其实非肺,而是鱼肝,此物洗净之后,状如黄金,嫩如脑髓,卤汁浓郁芳香,入口未及细品,即已化去,余味在唇在舌,在空气中,久久不散。"

口味: 酱香
制作: 青鱼肝做好去腥后,焯水、过油;放入冬笋一并过油;煸香葱、姜,放入青鱼肝和冬笋,倒入黄酒喷香,加入酱油上色;倒入高汤,调味收汁,喷入锅边醋,撒上蒜花即可。

银丝芥菜青鱼汤

银丝芥菜,因为长得细茎、扁心、细叶,也有人把它称为"佛手芥菜"。还有一种说法是,银丝芥菜是雪里蕻咸菜的"前世",腌制后才变成"今生"。

口味:香浓
制作:青鱼切块,银丝芥菜切段;青鱼块两面煎至金黄,倒入热水,放入银丝芥菜一起清炖煮,调味装盘即可。

韭黄汆糟鱼

乌青鱼是青鱼的俗称,因喜食螺蛳亦称螺蛳青,其鱼肉洁白鲜嫩,为嘉定一道传统佳肴美食,汤清、味鲜,常在嘉定地区婚宴上作为席间汤菜出场。每至宴席接近尾声,随着一声"来啦,汆糟鱼",众客都知道,菜齐了。民间称之为"刹青",其意为圆满。

口味:鲜滑
制作:将乌青鱼切块,用盐和香糟腌制;放入沸水中煮熟,调味后撒上韭黄。

红烧鮰鱼

红烧鮰鱼是家喻户晓的名菜,而宝山红烧鮰鱼则继承了当年吴淞老街赫赫有名的合兴馆余脉,是众家中的头牌。烹饪时间为半个小时以上,除却两次用旺火,每次二三分钟,其他大部分时间是用文火焖,装盘鱼块完整且鱼肉酥绵细糯,鱼皮、鱼肚胶质丰富,久煮后自然成芡。

口味: 咸中带甜
制作: 鮰鱼宰杀后,去骨切成块状;将鮰鱼块两面煎制取出备用;锅留底油,煸姜葱,放入鮰鱼调味,倒入水烧开后改中小火焖烧 20 分钟,大火收汁即可。

芹香青莲鱼圆

芹香青莲鱼圆,以淀山湖特产的花鲢为主料,这种鱼以肉质细嫩、无小刺而著称,是制作鱼圆的上选。搭配香脆可口的芹菜,两者香气完全融合,是一场味觉与嗅觉的盛宴。

口味: 鲜香
制作: 花鲢鱼取肉制成鱼圆;高清汤调味后,加入鱼圆,撒入香芹末即可。

香糟双档鱼头汤

江浙沪一带对糟香味的菜肴特别喜欢,香糟不仅可以做成各种冷菜,还可以用于热菜和汤菜,香糟双档鱼头汤就是一道具有代表性的汤菜,也是逢年过节大受欢迎的"年味菜"。

口味:鲜咸
制作:将百叶和油面筋分别酿入肉酱蒸熟待用;鱼头洗净,炸至结壳备用;锅中放入猪油,加水将鱼头汤烧成奶白色,加入蒸好的百叶包和油面筋调味;在出锅前倒入吊糟,放入砂锅中撒上蒜花即可。

葱烤河鲫鱼

葱烤河鲫鱼的"灵魂葱"一定要多，俗话称"一斤鱼半斤葱"。这道菜几乎每一位上海人都在家中吃过，是上海餐桌上的亲民美味。

口味：葱香
制作：杀好的鲫鱼煎至两面金黄；锅留底油，将小葱垫底，放炸好的鲫鱼，加料酒、酱油、盐，加水慢火烧制，入味后收汁出锅即可。

生烧鲫鱼豆腐

这道菜清爽鲜美，相传是深得皇帝喜爱的宫廷名菜。随着时间的推移，鲫鱼豆腐逐渐传到了民间，成为了中国餐桌上的家常菜。

口味：鲜嫩滑
制作：鲫鱼锅中煎香，放入酱油、糖等调味；快熟时放入豆腐再煨制 5 分钟即可。

葱烤宝山鲈鱼

相传葱烤鲈鱼最初起源于宝山,由一位名叫陈永祥的厨师首创。随着时间的推移,这道菜因其鲜美的口感和独特的烹饪方法而声名远扬。

口味: 鲜咸

制作: 鲈鱼洗净,鱼背上剞花刀,用酱油浸泡约 15 分钟,取出晾干;小葱去头去尾后,编成一张葱网,用竹垫做出所需的造型,多余的小葱放在一旁备用;热油将鲈鱼煎至两面金黄;锅留底油,放入葱网和备用小葱炸出香味,然后放入煎好的鲈鱼;倒入足量清水淹没鱼身,再加入适量生抽、白糖,少许老抽和一点盐烧至入味,收汁后淋香醋即可。

松江四腮鲈鱼

松江四鳃鲈鱼有很多典故。传说吕洞宾下凡到松江秀野桥旁的饭馆喝酒,品尝到这种鱼,便拿起毛笔蘸朱砂往两个鱼鳃处各画了红色鳃妆,放生在秀野桥下,据说这就是松江四鳃鲈的祖先。说到美食,《晋书·张翰传》里的故事更为知名,张翰在洛阳为官,在秋季因想起家乡鲈鱼的美味,就弃官回乡。"秋风起兮佳景时,吴江水兮鲈正肥。三千里兮家未归,恨难得兮仰天悲。"他的这首《思吴江歌》让鲈鱼被更多文人雅客熟识。

口味:香嫩
制作:将葱姜结投入锅中,煎到葱姜爆出香味;把鱼排好,用网油包裹,鱼背向下,包口处涂少许淀粉;下油锅,约1—2分钟煎成嫩黄色,再翻身略煎后,加酒、酱油、水,煮透即成。

红烧黑鱼

黑鱼是乌鳢鱼的俗称,是鳢科鱼类中分布最广的一种鱼,在民间也被称为生鱼、财鱼、孝鱼等。

口味: 咸中带甜
制作: 黑鱼切块洗净,毛豆米焯水待用;起锅烧油把黑鱼块煎一下,倒出锅,留底油煸香蒜粒、姜粒;放入小粒五花肉煸炒出油,淋入料酒加入高汤大火烧开;放入少许湖南辣椒酱、老抽、生抽、糖,加盖小火焖煮入味;开盖放入毛豆米,汤汁浓稠即可出锅装盘。

惠南黑鱼配饭

"一家饭店一道菜"——惠南的黑鱼饭店,仅售一道黑鱼饭。鱼肉紧实,不会散开;口味偏咸,非常下饭。

口味: 鲜香
制作: 黑鱼去骨,切宽条,入油锅煎一下;锅留底油,加入葱姜煸炒,放入鱼、黄酒、酱油、水、糖、盐、味精、胡椒粉烧至入味后,大火收汁水装盘即可。

红烧团头鲂

团头鲂,属于鲤科。"浦江一号"品种团头鲂,是松江区水产良种场23年来潜心于水产良种培养和选育的结晶,以鱼肉鲜美、吃口没有土腥味而得名。

口味: 鲜滑

制作: 鱼身两侧打花刀,在鱼身上均匀地抹上食盐、料酒、白胡椒粉,然后塞入葱段、姜片,腌制20分钟;在鱼身表面涂一层干淀粉,尽量涂均匀一些;炒锅烧热润锅后,将团头鲂放入锅中,小火慢慢煎至两面金黄;留下底油,加入葱姜蒜炒香,加入适量食盐、生抽、老抽、香醋、番茄酱、白糖、白胡椒粉,倒入适量热水,大火烧开;加入淀粉勾芡出锅,汤汁淋在鱼身上。

红烧鳗鲡

鳗鲡素来有"水中软黄金"的美名,是长寿的象征,也有新的一年健健康康,年年有余的寓意。清蒸鳗鲡,味虽鲜美,但显单一,于是,红烧便成了奉贤人烹制鳗鲡的主要方法。装盘时鳗鲡要保持完整不破。

口味: 咸中带甜

制作: 鳗鲡洗净,开水烫去鱼身黏液,洗净切段,板油切丁;锅中放油,用葱段铺底,将鳗鲡段摆放上面,再铺板油丁,放入料酒、姜片、桂皮,加入适量水;点火烧开焖煮1小时至汤汁稠浓、鳗鲡软熟时去掉姜片、桂皮;调大火放入酱油、白糖、精盐、醋,再次稠浓时淋上香油即可出锅。

红烧鸡格郎

鸡格郎鱼（花骨鱼）肉质细嫩，味道鲜美，没有一点土腥味。红烧、清蒸俱佳。

口味： 咸中带甜
制作： 鸡格郎洗净，用料酒、盐、姜和胡椒粉腌制半小时；葱、蒜、香菜和小米椒切碎备用；在清水中加入适量生抽、蚝油、老抽、糖和醋调成汁；鸡格郎裹上生粉，油热后煎至微黄；将鸡格郎和汁液一起煮至收汁，装盘。

雪菜烧昂刺鱼

昂刺鱼又名黄辣丁，它的背鳍中有一根鳍条又粗又长又硬，当你捏住那根硬刺，它便会发出"昂刺，昂刺"的声音，所以也叫昂刺鱼。

口味： 咸鲜
制作： 昂刺鱼洗净改刀，雪菜切末；锅内加菜籽油，放入昂刺鱼，煎至两面金黄；加入雪菜末，调味后加盖焖熟收汁即可。

宣桥汤炖蛋塘鳢鱼

塘鳢鱼与滋阴润燥、养血息风的鸡蛋共制成菜，具有软化血管、健脾开胃的功效。尤其在冬季，因其营养丰富和温补作用而备受欢迎。

口味： 鲜嫩

制作： 塘鳢鱼洗净烫熟，捞出整齐放入深盆；鸡蛋液加调料、鸡汤打匀，倒入盆中，隔水中火蒸12分钟；撒葱末，淋美极鲜酱油；烧油至八成热，浇在葱花上即可。

雪菜笋丝塘鳢鱼

汪曾祺在《故乡的食物》里写过："苏州人特吃塘鳢鱼，上海人也是，一提起塘鳢鱼，眉飞色舞。"塘鳢鱼，在上海也叫菜花塘鳢鱼，因其在油菜花开的时候最肥美而得名。

口味： 鲜嫩

制作： 新鲜塘鳢鱼去除内脏清洗干净；起锅烧油，将塘鳢鱼煎制表面定形备用；将雪菜炒香，加入鱼汤，放入塘鳢鱼、笋丝，调味，烧至塘鳢鱼入味即可。

梅菜扣肉船丁鱼

船丁鱼，在南汇芦潮港水道内十分常见，因常被渔民在船头捕捞而得名。肉质鲜美的船丁鱼，搭配上等梅菜，让鱼汁与梅菜的香气相互交融，适合全年各个季节食用。

口味：酱香
制作：梅菜用水泡 1 个小时左右，抓干水分，切成小丝，和五花肉一起烧制成梅菜扣肉；船丁鱼加适量盐、姜蓉、生抽、料酒腌制十几分钟；把船丁鱼和梅菜扣肉放到盘中，加适量油，放置在水开的蒸锅里大火蒸 12 分钟左右即可。

南汇乌伦鲳鱼

美食文化中,有"河中鲤,海中鲳"的说法,"鲳"与"昌"谐音,寓意昌盛繁荣。乌伦鲳鱼与普通鲳鱼相比油脂更为丰富,肉质细腻。

口味:鲜滑

制作:将乌伦鲳鱼洗净,煎至两面金黄;锅中加油煸香葱姜、雪菜、笋丝,放入鱼、黄酒、水、糖、盐、味精、胡椒粉烧至入味,大火收汁水装盘即可。

红烧米鱼

红烧技法是中国传统烹饪方法之一,红烧菜特点是色泽红亮、酱汁浓郁。结合当地口味偏好及食材特点,红烧米鱼在上海地区逐渐形成了独特的风格。

口味:香嫩

制作:锅中热油后放入米鱼,煎至两面金黄,盛出备用;锅中留底油,加入葱姜蒜爆香;米鱼入锅,加料酒、生抽、老抽、糖和盐,再加入足够的水没过鱼;大火烧开后转小火,盖上锅盖焖煮15分钟,直到鱼肉熟透且入味;待汤汁减少至合适,打开锅盖,大火收汁,使剩余的汤汁变得浓稠,然后将红烧米鱼盛出装盘。

红烧本地杂鱼

红烧杂鱼,因其年年有余的寓意,是年夜饭必上的经典菜肴,不仅味道鲜美,且营养价值极高。

口味:咸中带甜

制作:将鲳鱼、九肚鱼、小黄鱼洗净沥干水分,两面略煎倒出;锅留底油煸香葱姜,放入鱼、料酒、酱油等调味,烧至入味后收汁即可。

白煮烤子鱼

烤子鱼肉质细腻,味道鲜美,白煮最大程度地保留了鱼肉的原汁原味。在金山嘴渔村,这是一道"原始家常菜",家家会做、人人爱吃。

口味:咸香

制作:烤子鱼洗净;锅中放入清水、料酒、盐、葱姜,将烤子鱼煮熟即可。

鲥鱼饼烧豆瓣

吴淞渔市在明清时期被叫作胡巷桥，沿海各地和远洋运来上海的鱼品，约三成以上都在吴淞集散。鲥鱼饼是民间特产，肉质鲜嫩，保持了鱼的原汁原味，又具细腻爽滑、韧而无腥的独特风味。

口味： 鲜香
制作： 洗净鲥鱼，取肉；切鱼肉蓉，加调味料后顺时针搅拌，冷藏一小时；鱼肉煎至两面金黄，冷却备用；将冷却的鱼肉切片；豆瓣入水烧沸后倒掉水，煸香姜葱，煎香鲥鱼片，加入豆瓣、高汤和调味料，煮至入味。

淀山湖鳜鱼烫草头

鳜鱼属鱼类珍品，早在唐代就有"桃花流水鳜鱼肥"之句。鳜鱼是淀山湖野生鱼类特产，春、秋季是鳜鱼最肥的时期。

口味： 鲜嫩
制作： 鳜鱼入油锅炸制，捞出备用；锅中放猪油、鱼骨，熬制鱼汤；鱼汤过滤后放入炸好的鳜鱼，熬至浓稠后调味；将草头放入其中即可。

商榻菜苋菜花鱼

春末夏初,鲜嫩的苋菜长在青浦的山沟、路边、菜畦地里,常见得很,青浦人将其与油菜花开时最肥美的鳜鱼相结合,满是春天的气息。

口味:鲜香
制作:鳜鱼洗净,控干水备用;商榻菜苋洗净,切粒备用;热锅加油,鳜鱼煎至两面金黄倒出;加猪油姜末炒香,入商榻菜苋炒出香味后下入鳜鱼,加黄酒、生抽、老抽、白砂糖,加水烧开;小火焖10分钟,大火收汁至浓稠,装盘。

瓜姜鳜鱼丝

一瓣瓣的肉变成了一条条的肉,口感仍保留着鳜鱼的特点,细嫩而鲜美,嚼在嘴里富有弹性,叫人印象深刻。

口味:鲜咸
制作:鳜鱼去骨去皮后切丝上浆备用;热锅冷油将鱼丝滑熟;放入酱瓜丝、姜丝滑炒出锅装盘即可。

花雕蒸白水鱼

在上海，白水鱼的烹饪手法融入了创新元素，通过使用花雕酒蒸制，不仅保留了传统的风味，还增添了一抹现代气息。

口味：咸鲜甜

制作：白水鱼洗净，在鱼身上切花刀，加料酒、盐、鸡精、葱姜腌制15分钟；盘中放入白水鱼、鸡油、花雕，上锅蒸8分钟；取出后淋上少许蒸鱼豉油即可。

糟烧尖沙鱼

尖沙鱼,崇明岛特产,生长在长江边的沙滩上或岸边的转沟内。崇明有"正月尖沙赛河豚"之说,此时的尖沙鱼堪称"开春第一鲜"。

口味:咸鲜

制作:锅中烧水,把洗净的尖沙鱼略微汆下水备用;起锅油煎尖沙鱼,喷料酒,加高汤,大火烧开;加生抽、老抽、酒糟、糖,加盖小火焖煮入味,收汁出锅。

银鱼炒土鸡蛋

银鱼又叫面条鱼,与土鸡蛋搭配,鲜上加鲜。

口味:鲜咸

制作:将土鸡蛋搅匀调味备用;银鱼焯水备用;起锅烧油,将打好的土鸡蛋倒入其中,再将银鱼放入,将蛋液煎成形即可。

油浸盐焗甲鱼

食用甲鱼的历史,最早可以追溯到周代,起源于岐山的周人当时就已经把甲鱼当作宫廷膳食。春秋时候,郑灵公故意不分鳖肉给大臣子宋,子宋大怒,愤而起兵杀郑灵公,这个故事更是让人津津乐道。

口味: 盐焗

制作: 甲鱼宰杀后,焯水洗净,改刀成块;放入盐焗汁中烧至入味断生;蚕豆过油后加底味预制垫底,甲鱼铺面,淋入熬制好的菜籽油、香油即可。

雪菜粉皮烧菜花甲鱼

"菜花甲鱼"即惊蛰过后,刚刚结束冬眠的甲鱼,由于此时正值田头油菜花盛放,便得此名。

口味: 鲜香

制作: 甲鱼放入沸水中煮3分钟,去除浮沫并洗净;熟猪油烧至七成热,加入葱段、姜丝、蒜子爆香,再放入雪菜、浓汤、豆油、红油豆瓣酱、香料和甲鱼,中火煨40分钟,大火收汁;加入粉皮,继续小火煮3—5分钟,用盐、味精调味后即可出锅。

拆烩甲鱼

20世纪30年代,上海滩的名流、政要、富豪纷纷以品尝这道菜为荣。特别是在闻名遐迩的"大鸿运"酒楼,由名厨掌勺的拆烩甲鱼更是成为了镇店之宝。

口味: 鲜嫩

制作: 将甲鱼肉改刀成小块,加葱、姜、蒜头等翻炒;加清汤,放入枸杞、黄芪、细盐及青蚕豆瓣,先大火烧,再中火炖,最后用小火焖;收汁,上盘,滴麻油,撒上胡椒粉即成。

甲鱼烧梅山猪

嘉定特产梅山猪是中国著名地方优质品种。这道菜采用江浙一带惯用的炖煮方式，既保留甲鱼的鲜美，又能令梅山猪肉的香味渗入其中，成就一锅醇厚美味。

口味： 香浓

制作： 梅山猪肉和甲鱼洗净剁块，焯水备用；锅中留底油，煸香葱姜，两者分别煸透，加调料调味后焖烧；烧透后收汁装盘。

目鱼大燠

此菜可以做冷盘，如果加红烧肉燠，即为热菜。"燠"就是用小火煨煮让食材入味。整道菜除了酱油的酱香咸鲜外，还有目鱼的鲜香、猪肉的脂香，入口甜而不粘，肥而不腻。

口味： 酱香

制作： 目鱼洗净焯水；起锅放油煸香姜葱，放入目鱼、料酒、酱油、南乳汁、糖、盐调味；慢火烧30分钟，收汁淋麻油即可。

虾籽大乌参

大乌参因其发胀后尺寸特别大而得名。虾籽大乌参外观乌黑亮丽，汤汁浓郁，味道鲜美而香醇，质地软糯酥烂，用筷子无法夹起，只能用汤匙享用。

口味：鲜咸
制作：炒锅置中火上，放入熟猪油，烧至五到六成热时，放入葱结炸出香味，即成葱油待用；炒锅烧热入热豆油，八成熟时大乌参皮朝上放在漏勺里，浸入油锅，漏勺轻轻抖动，炸到爆裂声减弱，捞出沥油；锅内留底油，放入大乌参，再加入绍酒、酱油、炒肉卤、白糖、干虾籽、肉清汤烧开，加盖小火烧4分钟左右；改用大火，用漏勺捞出大乌参，皮朝上，平放在长盘里，锅里的卤汁加入味精，湿淀粉勾芡，倒入盘中淋入葱油即成。

清炒鳝糊

清炒鳝糊起源于清朝光绪年间。这道菜不仅美味，还具有一定的营养价值。随着时间的推移，这道菜逐渐融入了本帮菜的烹饪手法和口味，形成了今天人们所熟知的清炒鳝糊，因其咸中带甜、油而不腻的独特口味，成为了上海菜中的经典之作。

口味： 鲜香

制作： 锅中入猪油、色拉油烧至四成热；下入葱白碎、姜末、蒜末爆香；放鳝丝煸炒至脱水，烹入花雕酒，调入老抽、白糖、生抽、黑胡椒碎、白胡椒粉翻匀。

大头菜笋丝黄鳝

黄鳝，肉质细嫩，味道鲜美，营养丰富，被誉为"水中之龙"，它的烹饪方法更是多种多样，可以清蒸、红烧、炖汤、炒制等，每一种都能展现出黄鳝独特的魅力。在大头菜、笋丝的清爽口感衬托下，野生黄鳝的鲜美滋味更加得以凸显。

口味： 咸鲜

制作： 大头菜浸泡后抓干水分，切成小丝和笋丝一起炒制备用；鳝丝洗净焯水，加适量盐、姜蓉、生抽、料酒腌制十几分钟；把大头菜、笋丝放到锅中，加适量油；放入鳝丝，加汤调味，煨透收汁即可。

咸肉烧黄鳝

鳝鱼,上海叫"黄鳝"。最佳食用时间是6—8月,这期间的鳝鱼最肥,肉质最鲜嫩,滋补效果也最佳。《本草纲目》中有关于鳝鱼药用功能的记载,民间也有"初夏吃鳝鱼,胜过吃人参""小暑鳝鱼赛人参"的说法。

口味:咸香

制作:起油锅,放入葱、蒜、姜和咸肉,翻炒至出油;将鳝鱼加入锅中,翻炒均匀;加入生抽、老抽、料酒、白糖和适量盐,翻炒均匀,使鳝鱼充分吸收调料的味道;加入足够的开水,大火煮开后转小火慢煮,直至鱼肉软烂;待汤汁收至浓稠,即可出锅。

油豆腐咸肉蒸黄鳝

古代的松江地区是江南重要的商贸城市,商贾云集,文化繁荣。在这样的背景下,松江油豆腐应运而生,成为了松江人民餐桌上不可或缺的美食。豆腐经过油炸,外皮金黄酥脆,内里嫩滑可口,口感十分独特,再与咸肉的咸香与黄鳝的鲜美相互融合,使得整道菜肴的味道更加丰富多样。

口味:鲜香

制作:新鲜黄鳝清洗后切段;油豆腐切成小块,咸肉切片,将黄鳝段整齐地摆放在咸肉上;调味后用大火蒸15—20分钟,取出撒上香菜点缀。

鸡头米炒虾仁

鸡头米,在苏州已有超过500年的种植历史,入口软糯弹牙,自然甜香。8月雨水充足,既是河虾肥美之际,也是鸡头米上市之时,虾仁的鲜,鸡头米的糯,带来立秋的凉意和收获,不时不食,具象于此。

口味: 鲜咸

制作: 虾去壳取肉,用料酒、生抽、生粉及蛋清腌制;鸡头米入开水焯煮2分钟;锅中放油爆香姜丝,虾仁入锅快速翻炒,加入鸡头米,适量盐分调味,最后入湿淀粉勾芡,汤汁浓稠即可关火。

白对虾

1999年,奉贤引进了南美白对虾,并取得"海虾淡养"技术的突破,使得南美白对虾在奉贤地区迅速推广养殖,并走向产业化发展。南美白对虾养殖是奉贤水产业中的一项优势产业,养殖面积占到奉贤水产养殖总面积的80%以上。

口味: 鲜香

制作: 虾清洗、剪虾须、剔黑线;热锅加油;加入葱花、姜和辣椒等调料;将虾入锅翻炒10分钟左右,放入一小勺料酒去除腥味,再倒一勺生抽炒5分钟,加适量白糖拌均匀,收汁即可食用。

糟烧白米虾

白米虾与白山羊、老白酒、白扁豆统称为"崇明四白"。乾隆、光绪年间的县志里,都有白米虾"味鲜美"的记述。在崇明城乡,大家把白米虾作为"百搭",借其鲜美,作为烹饪时的纯天然味精。

口味: 咸中带甜
制作: 白米虾去须,高油温发火快速炸好沥出;放白糟、糖、生抽、酒酿,白米虾收汁即可。

抱腌菜竹笋烧白米虾

"抱腌"是南汇农村里的一种做法,新鲜的菜尖洗净,加盐和干辣椒揉搓腌制即成抱腌菜。加以新鲜的竹笋和白米虾,吃一口鲜到掉眉毛。

口味: 咸鲜
制作: 竹笋去壳焯水切片备用;白米虾剪去虾脚虾须过油沥出;锅留底油煸炒腌菜和竹笋,放入白米虾调味即可。

椒盐银钩虾

金山人习惯将白米虾称为银钩虾，因其虾头与虾尾相连，形状如钩。银钩虾这个名字，不仅形象地描绘了白米虾的外貌特征，还体现了金山人对这种美味佳肴的喜爱。

口味：椒盐 咸鲜
制作：银钩虾洗净后去除虾须和虾脚，用椒盐腌制；将腌制好的白虾裹上淀粉和鸡蛋清，入油锅中炸至金黄酥脆；在锅中加油，放入葱姜末、辣椒碎等调味料爆香，将炸好的白虾放入调味料中翻炒装盘。

青瓜烧河虾

这道菜以其独特的风味和简单的制作方法深受上海人喜爱。

口味：鲜香
制作：河虾剪去虾须洗净；黄瓜剖成四条去籽切菱形块，用少许盐腌制3分钟后洗净；锅内油烧热至七成，倒入河虾爆15秒左右，捞出滤去油；锅内加少许油，放入葱姜煸香，放入黄瓜、河虾略炒后，加入黄酒、糖、盐、胡椒粉、生抽、味精，炒匀即成。

浓汤蚕豆河虾

一道菜集齐两种春季时令食材，粉红色的青浦河虾配上当地特有的嫩绿蚕豆瓣，颜色清新，令人食欲大增。尝鲜期就十几天，错过要再等一年。

口味： 咸鲜
制作： 河虾洗净去须；锅中加油煸香葱姜，加入浓汤、豆瓣，焖煮至熟即可。

酱油河虾

虾皮酥脆入味，肉质紧实鲜嫩，咬上一口，既能吃到虾原汁原味的鲜美，又有上海菜浓郁酱汁的调味。

口味： 咸中带甜
制作： 河虾洗净去须；起锅烧油，油温六至七成热下河虾，炸至河虾两腮鼓起捞出；下河虾料收浓，将炸制好的河虾入锅翻炒，淋香醋和麻油即可出锅。

青茄烧小白虾

青茄外表翠绿，在崇明岛已有百余年的种植历史，常出现在各种家常菜中，如烧毛豆小白虾、烧咸鲈鱼、烧豆腐和青茄塞肉等。

口味：鲜香
制作：锅中油加热，放入茄子和毛豆煸炒至金黄色备用；锅中留底油，爆香八角，放入小白虾煸炒至变色；加入葱花爆香，再加入炒好的茄子毛豆，加盐、白糖、生抽和水，煮几分钟；出锅前撒上蒜末和香菜碎即可。

小白虾蒸家户蛋

家户蛋特指农户家自产的土鸡蛋。

口味：咸鲜
制作：小白虾去除虾线；放入两只鸡蛋打匀，将虾放入调味后上笼蒸制10分钟左右，爆油即可。

姜葱海白虾

"上海湾区"金山有三宝:凤尾鱼、海白虾、海蜇。海白虾又称红虾、大红虾,肉质鲜美,且具有一定的药用价值。

口味: 香咸鲜

制作: 小锅烧油,油热泼在葱丝上;碗里加2勺生抽、少许老抽、1勺蒸鱼豉油、少许糖、适量清水搅拌均匀,倒入小锅,加一片姜煮开,淋在刚才的葱油里混合均匀,冷却备用;锅中倒热水,放入花椒、葱白、姜片、盐、黄酒煮开,下入海白虾,虾变色即可捞出。

毛蟹烧毛豆　年糕毛蟹

崇明老毛蟹,亦称中华绒螯蟹或崇明清水蟹,其双螯覆盖着浓密绒毛,因此俗称"老毛蟹"。据《康熙崇明县志物产》记载:"子蟹二三月间甚多,他邑所无。"可知早在明清时期,天然蟹苗就已成了崇明独有的特产。

【毛蟹烧毛豆】

口味:咸鲜

制作:毛蟹清洗干净,一切二后在刀口处粘上面粉,放入锅中煎制;锅中煸香葱姜,下入毛蟹和毛豆调味后收汁。

【年糕毛蟹】

口味:咸中带甜

制作:毛蟹洗净,切半拍粉;热油煎至金黄色捞起;炸年糕;留油煸香葱姜,放入毛蟹和年糕,加料酒、老抽、糖等调味品,大火烧开转小火焖15分钟,大火收汁即可。

梭子蟹蒸肉饼子

梭子蟹常被称为"天下第一鲜"，古代称其为蝤蛑，有被用于古代进贡的记载，由于做法多又肥美鲜甜，是"只应天上有"的食材。

口味：咸鲜

制作：梭子蟹洗净，五花肉剁成肉糜；肉糜加入酱油、葱姜汁调味搅拌上劲，铺在盘内；梭子蟹一切二，插在肉糜上，撒上毛豆，入蒸箱蒸熟，淋热油即可。

面拖梭子蟹

古代资源匮乏，渔民们为了保存捕捞上来的螃蟹，将其裹上面糊煎炸，方便携带且美味。后来这种做法逐渐流传开来，演变成了如今的"面拖蟹"。

口味：咸鲜

制作：蟹剁成8小块，蟹块放入面粉内裹一层面粉；炒锅烧热，生姜丝炒香，再放入略多油，蟹块入锅煎到微黄；加水没过蟹，加盐、生抽，煮到汤汁收浓，撒入葱花即可出锅。

咸菜圈子

咸菜和圈子，这两者在上海人的饮食文化中占据了重要地位。它们的独特搭配，更是让人回味无穷。在这个充满美食的城市里，咸菜圈子犹如一颗璀璨的明珠，闪耀着上海饮食文化的魅力。

口味：咸鲜
制作：将大肠洗干净，来回套几层；将大肠焯水后投入卤水，煮半小时后焖2小时，之后切段；将咸菜切粒焯水拔出咸味，锅中加油，将咸菜炒透，投入大肠，加入卤水收汁即可。

草头圈子

由红烧圈子演变而来。20世纪30年代，考虑到圈子油脂足，厨师拿草头和豆苗做围边，用于解油腻，演变出了"草头圈子""豆苗圈子"。

口味：酱香
制作：大肠头洗净，用姜葱、料酒煮熟切段；熬糖色，放入大肠段、生抽、老抽、白糖慢火烧到大肠酥烂；草头生炒垫底，摆上收好汁的大肠即可。

小肠烧百叶结

小肠烧百叶结是松江的一道老菜，猪小肠打成结，保证了小肠内的肥油和汤汁不流失，让小肠吃起来口感更加紧实。烹调时加入百叶结一起烧制，小肠流出的多余油脂刚好被百叶结吸收，成菜浓香且不油。

口味：咸鲜

制作：小肠洗净，用面粉、白醋洗去黏液，焯水后打结，放入卤水中煨制；百叶制成百叶结焯水；卤好的小肠加入酱油、干辣椒煸炒，放入浓汤、百叶结收汁，放入煲中烧开，撒上青叶。

酱爆猪肝

"酱爆猪肝"最大特色在于"酱料炒制"，炒制而成的猪肝，色泽油光水滑，闻之酱香浓郁，口感脆嫩鲜香。

口味：咸中带甜

制作：猪肝洗净切成薄片，加入老抽、生粉上浆；青椒、红椒、洋葱切块备用；起锅烧油，油温五至六成热时，将浆制好的猪肝迅速过油沥出；下入青椒、红椒、洋葱煸香，再淋料酒、老抽、糖等调味品；大火收汁，下入猪肝迅速翻炒，淋上麻油出锅即可。

肚肺汤

肚肺汤,上海人习惯称呼为"肺头汤",在物质不是很丰富的年代,因为猪肺非常便宜,一个猪肺可以煮一大锅汤,成为上海许多巧妇钟爱的拿手菜。不过肚、肺需要全手工反复清理清洗,十分耗费工夫,因此正逐渐成为一道人们记忆中的美食。

口味:浓香鲜

制作:猪肺洗净切块,猪肚洗净切菱形块备用;猪肺和猪肚焯水,出锅洗净;锅中少油,下葱姜煸香,下猪肚、猪肺煸炒出香味后加入料酒、高汤,大火烧开转中小火煮约1小时45分钟,汤色浓白如牛奶时出锅即可。

糟钵头

"糟钵头"由清嘉庆年间上海的著名厨师徐三创制。现在的"糟钵头"在投料和用器上都有较大改变,配料用油豆腐、冬笋片,有的还加细粉,原来用钵头,现在用砂锅等,但其浓醇、鲜肥、芳香的特色依然保留。

口味: 香

制作: 油豆腐、笋片焯水盛出备用;圈子、猪心、猪脚、猪肺、猪肚、猪舌加料酒焯水盛出备用;锅中放底油,煸香葱结、姜片,加入荤料煸炒;加料酒和大量水,焖煮45分钟,加火腿片,继续焖煮;取出葱姜,加入油豆腐和笋片,焖至汤水呈乳白色,加白糖、5汤勺糟卤即可。

笋干烧肉

笋干烧肉是上海人记忆里最熟悉的年味之一,被视作过年餐桌上的"四大金刚"之一。

口味:咸中带甜

制作:浙江所产笋干提前用温水泡发,待泡软后切成细丝;五花肉清洗切块焯水;油煸香葱节、姜片,放入五花肉和笋干煸炒,淋料酒,加入冰糖、八角、桂皮、香叶、生抽、老抽、料酒等调味料,翻炒至肉块均匀上色;倒入足够的开水或啤酒,中火炖煮至肉质酥烂,大火收汁即可。

练塘茭白土猪肉

据《青浦县志》记载,练塘种植茭白已有100多年的历史。1958年,练塘从无锡引进优质茭白种,经过精心培育,种植出外形大而白、吃口糯而脆的茭白,因其头上有一个鲜明的红点,所以被命名为"练塘一点红"茭白。

口味:鲜咸

制作:五花肉焯水切块调味烧制;茭白洗净后放入红烧肉中烧至入味;大火收汁后装入砂锅即可。

惠南扣甜肉

扣甜肉滑溜醇香,肥而不腻,食之软烂咸鲜。俗话说,夏天过后无病三分虚。论"贴秋膘"进补,浦东惠南扣甜肉可当选,其烹制方法源于走油肉。顾名思义走油就是油走了,扣甜肉肥而不腻,与《礼记》中所记载的"炮豚"有异曲同工之处。

口味:咸中带甜

制作:猪肉切10厘米宽长条,焯水冷却后用钢针刺入表皮扎满针孔,再入油锅炸至金黄;起锅加入葱姜煸炒,加入猪肉、黄酒、酱油、水、糖、盐、味精、胡椒粉、海鲜酱、叉烧酱,大火烧开,小火焖酥后冷却;切片后放入碗中,再蒸透,倒扣于盘中,汁水勾芡淋于上方即可。

虎皮蛋燉肉

虎皮蛋,也叫"炸蛋"。因鸡蛋表面起黄褐色皱纹,状似虎皮而得名。虎皮蛋与五花肉一同卤制焖煮十分入味,咸香可口。

口味:鲜咸

制作:五花肉焯水切成块;土鸡蛋煮熟剥壳,入油锅炸成虎皮状;锅中煸香葱姜,放入五花肉、虎皮蛋,调味后小火焖烧入味;用大火收汁装盘即可。

稻草扎肉

稻草扎肉是一道源于清末民初的传统菜肴,主要流行于金泽商榻地区。以其独特的制作方法和浓郁的稻草清香而闻名。

口味:咸鲜

制作:五花肉用稻草捆扎出十字形,调味后烧至酥烂;大米加入咸肉竹笋制成米饭,草头略微切碎,放入猪油炒熟后拌入米饭;砂锅中放入草头菜饭,稻草扎肉放在米饭上。

腐乳汁酱方肉

腐乳肉早在20世纪30年代就已闻名上海，特点是肥而不腻，酥而不烂，夹精夹肥的乳红色，颤巍巍、酥嗒嗒、甜蜜蜜，乳腐卤香扑鼻的酱汁就是本帮浓油赤酱最好的写照。

口味： 鲜嫩

制作： 将五花肉放入大碗中，加入适量料酒、生抽、白糖、盐，搅拌均匀腌制15分钟；用勺子将红腐乳捣成酱，确保腐乳的颗粒完全破碎，以便更好地融入五花肉；在锅中放入适量食用油，加热至七成热，将五花肉均匀放入锅中煎至两面金黄取出，保持肉质多汁；锅中留底油，放入姜片爆炒出香味，加入腐乳酱炒匀；五花肉放回锅中，和腐乳酱充分搅拌均匀，让肉块完全裹上腐乳酱，烹饪至五花肉表面微焦。

咸猪头炖黄豆

有这样一种广为流传的传统肉食，既朴实无华，又低调简约，任凭时光流逝，人们始终对它不离不弃、钟爱有加，那正是三不精的猪头肉。

口味：咸鲜

制作：黄豆洗净，浸泡；咸猪头肉洗净浸泡后切大块，焯水备用；咸渚头肉放入高压锅，加适量清水，放入黄豆、姜片、八角、桂皮大火煮开，转小火煮20分钟即可切片装盘。

黄豆猪脚汤

东北大青黄豆，有糯性，回味有点甜，当年黑龙江知青回沪探亲，几乎人人都会带上一袋。寒冬腊月，特别是冷风吱吱钻到骨头里隐隐作痛的"作雪天"，围着一砂锅热气腾腾的炖得酥而不烂、汤色乳白的黄豆猪脚汤，一家老小吃得暖意融融。

口味：咸鲜

制作：猪脚烧毛、洗净、切块，焯水备用；与泡好的黄豆、葱姜块小火炖至酥软即可。

黄豆烧猪尾

这道菜可是传说中的美容佳肴！猪尾，有些地方还亲切地称它为皮打皮、节节香。想象一下，黄豆的绵软搭配猪尾的嫩滑，简直是口感的完美结合！

口味：咸鲜

制作：猪尾巴烧去刮净猪毛，黄豆浸泡；猪尾加入红曲米及调味料卤制上色后切段；浸泡的黄豆蒸熟，放入猪尾和卤水一起收汁，装入砂锅内烧开即可。

咸猪脚腌笃鲜

腌笃鲜，属于江南地区的特色菜肴。此菜口味咸鲜，汤白汁浓，肉质酥肥，笋清香脆嫩，鲜味浓厚。"腌"，就是指腌制过的咸肉；"鲜"，就是新鲜的肉类；"笃"，就是用小火焖的意思。

口味：咸鲜

制作：咸猪脚洗净、焯水，五花肉切块；五花肉、百叶结焯水；砂锅放入肉汤、咸猪脚、五花肉炖煮，待猪脚酥烂后去骨；放入春笋、猪脚、火腿、百叶结，汤烧至浓稠，调味。

红烧蹄髈

相传从唐朝开始,殿试及第的进士们相约,如果他们中有人将来做了将相,就要请同科的书法家用朱书(红笔)题名于雁塔。朱书题名这个约定就被传遍了。"猪蹄"和"朱题"同音,送猪蹄的用意是希望考生金榜题名,成为将相。

口味: 咸中带甜

制作: 蹄髈洗净后入锅,加料酒、姜片焯水3分钟,去除血沫;锅中加入适量油,放冰糖熬制糖色,待糖色微黄时,加入蹄髈翻炒,再加桂皮、八角、香叶等调料炒匀;将所有材料转入锅内焖烧至酥烂,调味收汁即可。

马桥豆干烧筒骨

清末民初时期,马桥地区的豆腐干因其清香味美和价格低廉而广受欢迎,鼎盛时期当地有多达 160 家豆腐作坊。

口味:香浓

制作:将筒骨洗净过水,放纯净水烧熟;马桥香干切块放入锅中,烧熟调味,出锅后放入青蒜末即可。

虾籽烧水发蹄筋

虾籽烧蹄筋的历史可以追溯到清朝时期,具体时间虽无确切记载,但已广泛流传并被记载于多部经典食谱中。虾籽烧蹄筋常出现在节庆、婚宴等重要场合,象征着富贵吉祥和团圆美满。

口味:鲜嫩

制作:将水发蹄筋过水、沥干;放入高汤煨制,出锅撒入虾籽即可上桌。

酱油肉蒸崇明红皮土豆

红皮土豆,体型小巧,肉质细腻,是崇明地区的特色优质品种。将红皮土豆片与酱油肉一起蒸煮,可以恰到好处地平衡酱油肉的油腻感。

口味: 咸鲜

制作: 红皮土豆削皮、洗净,切成片摆放在盘内,撒上少许盐;酱油肉切成薄片,一层一层铺盖在土豆上;加入少许生抽,蒸熟即可。

椒盐排条

上海话中发音"焦盐"的有两样东西:一种是指甜的和咸的放在一起做出来的,像交盐饼;还有一种是指花椒和盐,即椒盐。椒盐排条属于后者。

口味: 香脆

制作: 大排切筷子条,加鸡蛋黄、生粉、盐拌匀;下油锅炸至酥脆;蒜泥、青红椒末、洋葱末煸香,放入炸好的排条,撒椒盐翻炒即可。

排骨年糕

排骨年糕，作为上海的传统小吃，以其独特的口感、丰富的文化内涵和实惠的价格深受人们喜爱，至今已有超过100年的历史。

口味：酱香
制作：新鲜带骨的猪大排用刀背敲松，加鸡蛋、盐，挂糊入味；猪大排入油锅炸至酥脆，年糕两面煎制；将香醋、酱油、糖、盐熬成汁淋在排骨年糕上即可。

八宝辣酱

八宝辣酱的前身叫"上海辣酱"，是一道土菜，因卖相不佳，除了下饭，只能充当面浇头。20世纪40年代，九江路一家餐馆在此基础上加上虾仁后，又特意将原来简单配料改成八种，完善口味，终成一道雅俗共赏的吉祥菜——八宝辣酱。

口味：酱香
制作：将鸡胗、猪肚、鸡肉、笋、豆干全部改刀成小丁；锅中入油，将葱段爆香，倒下辣酱，炒至酱香四溢时盛起；锅中入油煮沸，先炒虾米，随即将豆干倾下煸炒，至微黄色时起锅；再入肉丁，稍加酱油和水，煮至肉酱酥时放入豆干、笋丁等，加少许水煮沸，收汁即可。

烂糊肉丝

上乘的烂糊肉丝,表面不冒一丝热气,但入口极烫;汤汁稀薄,但浓黏却恰到好处。用蟹肉替代肉丝,更是美味升级。

口味: 咸鲜

制作: 肉丝上浆备用;大白菜切丝;肉丝滑油,白菜丝焯水,用猪油煸香白菜丝,放入肉丝,加水调味,煮至白菜酥烂勾芡即可。

香肠蒸竹笋

香肠经蒸煮,油腻被竹笋片吸收,只留干香,竹笋片入口温润,二者相互成就,成为绝配。

口味: 咸鲜

制作: 竹笋焯水后改刀,整齐排列在盘底,淋入鸡油,撒上盐和味精;香肠切片排列在竹笋上蒸制。

油豆腐塞肉

豆制品在上海人的家常菜中占有重要一席，计划经济时代每家都有"豆制品购买证"，上海人叫它"小菜卡"，油豆腐塞肉更是老一辈上海人小时候的幸福。

口味：咸中带甜
制作：将猪肉糜调味后塞入油豆腐中；锅中加油，放入姜末和葱花炒香，加入蚝油、生抽、老抽、白糖以及适量热水，将油豆腐放入锅中，小火焖煮透，收汁装盘即可。

笃鲜油三角

春季螺蛳肉口感鲜美，风味独特，是上海人最钟爱的时令菜之一。将切碎的螺蛳肉和猪肉糜混合后酿入油三角再煨制，油脂香浓。

口味：鲜咸
制作：咸肉、春笋、莴笋、鲜五花制成上海腌鲜汤；再将油三角豆腐中酿入虾蓉、螺蛳肉、五花肉末；将其放入腌鲜汤里一起炖煮直至油三角完全成熟即可。

千张包肉

千张是豆腐浆水盛在木格子里,用白布覆盖,一层层挤压成形的。

口味:咸鲜

制作:肉糜调味搅拌均匀;千张皮裁成正方形,将调好的肉馅放在一端,卷起,两端折起封口;将千张包肉放入蒸锅中,蒸15分钟后取出;锅中加入适量鸡汤、盐,将千张包炖煮至熟透即可。

荠菜鲜肉百叶包

此菜起源于明清之际的江南地区。在20世纪初的上海,随着饮食文化的交流与发展,荠菜鲜肉百叶包逐渐成为本帮菜中的经典。

口味:咸鲜

制作:将薄百叶做皮,放入荠菜肉末做成百叶包;百叶包放入高汤蒸熟,出锅时放入蛋皮丝即可。

鸡汁双档

两只面筋配两只百叶，称为"双档"；一只面筋配一只百叶，称为"单档"。

口味：咸鲜

制作：肉糜分三次加入葱白和调料，握拳搅拌10分钟；油面筋开"盖"，塞入肉馅，盖上；百叶放入肉馅制成百叶包；油面筋塞肉和百叶包放入锅中加盖蒸制；砂锅中放入油面筋塞肉和百叶包，加入盐、味精、鲜辣粉各1/3勺，倒入高汤，开大火，待汤底煮沸即可。

红烧黄酱包

黄酱包，即豆腐皮包肉糜，其中豆腐皮是将浓郁的豆浆盛于木桶内，取表面经风吹过凝结成的一层皮，轻揭下来挂绳子上晾晒后形成。因为豆腐皮包肉油炸后色泽金黄，表面起皱，就像一只剥了皮的麻雀，上海方言中"麻雀"与"麻将"发音相同，所以老上海就叫此菜为"黄酱包"。

口味：鲜咸

制作：百叶改成正方形后包入调制过的荠菜肉糜；用豆腐衣再包裹一层炸至两面金黄；加入适量水和调味料焖烧收汁即可。

田螺塞肉

田螺肉丰腴细腻，拌入肉糜后再塞回田螺壳中，口感层次更为丰富，也是上海人精致讲究、擅长烹饪的生动写照。

口味： 酱香

制作： 田螺洗净，放入开水锅中烫熟捞出，浸泡冷水；待其冷却以后使用牙签挑出螺肉，摘去螺尾不用，剁碎拌入肉糜调味；将拌好的肉馅塞入田螺壳中加调料煨熟。

红烧大蛋饺

上海人吃蛋饺的传统由来已久，大蛋饺在制作工艺上更为讲究，要控制温度和时间，以保证蛋皮不老和馅料鲜嫩多汁。

口味： 鲜咸

制作： 鸡蛋里加入少许盐打散备用；煎锅抹少许油，放入蛋液摊成蛋皮后放入拌好的肉馅，折回另一半蛋皮，压紧边沿成蛋饺备用；蛋饺放入锅中，加入老抽、生抽、葱段和冰糖，加入适量开水，加盖焖入味即可。

咸蛋黄肉圆

上海人又称其为"狮子头",肥瘦相间,红润油亮,因为长相讨人喜欢,又有团圆之意,上海人家会在除夕前做好,过年时可红烧、清蒸、炖汤。

口味:鲜咸

制作:五花肉切粒,加料调味,加入鸡蛋打上劲,做成圆球形,里面放咸蛋黄一只,下油锅炸制定形;锅留底油煸香葱姜,放入肉圆,淋黄酒,加酱油、盐、糖、水慢火烧2小时收汁即可。

咸菜烧卤汤肉

"卤汤肉"(也称"连肝肉""护心肉")是猪身上最好吃的部位之一,也是奉贤菜市场隐藏菜单上的美味食材。

口味:咸鲜

制作:剔除里脊肉脂肪,切成小块,连着筋膜口感最佳;食盐腌制的里脊肉洗净,冷水下锅,放入葱、姜、料酒,焯水5分钟;腌白菜洗净挤干水分,切碎后用油煸炒,加入里脊肉继续翻炒,调味后中小火煨制即可。

油渣咸肉笃豆腐

沈嘉禄的《上海老味道》中有一篇说起儿时淘气，偷吃猪油渣的文章。作者自述在 20 世纪物资匮乏的年代，当时家里每天菜钱五毛，一月四两油不够吃，买来猪油膘熬油，油渣舍不得扔掉，用来炒豆腐，也算开荤。油渣搭配上咸肉，笃上一碗豆腐煲，这绝对是记忆中抹不去的儿时味道。在过去老上海冬季家庭餐桌上，油渣咸肉笃豆腐几乎是一道不可或缺的美食。

口味：咸鲜
制作：咸肉清洗改刀切片，老豆腐切块过沸水，猪肥肉刃小块炼油；热锅凉油，放入葱姜、油渣、咸肉煸炒，加水，放入豆腐块烧煮，适当放入盐、鸡粉、胡椒粉，出锅撒葱花即可。

油渣烧白菜

油渣在过去物资匮乏时是家庭中不可多得的调味品。油渣烧菜是嘉定地区的传统农家菜,将油渣与白菜同烧,油渣的香脆与白菜的爽嫩相互映衬,带来独特的层次感。

口味:香

制作:在热锅中加入猪油渣,中小火炸至金黄后取出;锅中加入蒜、花椒和干辣椒,小火炒香后捞出;加入炸好的猪油渣,快速翻炒,再加入白菜大火炒至软;加盐和鸡精调味,炒匀后出锅。

猪油渣鸡毛菜

鸡毛菜是小白菜的幼苗。猪油渣是承载上海人儿时回忆的美味,直接吃嘎嘣脆,鲜味在嘴巴里爆开;用来炒菜,小小油渣也能将食物提香十分。

口味:香脆

制作:猪网油洗净切粒备用;鸡毛菜洗净控水待用;猪网油入锅熬制成金黄色,将洗净的鸡毛菜倒入锅中快速翻炒,加入盐炒匀即可装盘。

青菜慈姑猪油渣

食用油渣的历史最早可以追溯到先秦时期。《周礼》中描述周天子的饮食："煎醢加于陆稻上，沃之以膏。"这里醢是肉酱、陆稻为米饭。将炼出油的肉酱加在米饭上，再浇猪油，古代人早早品尝到了汩渣拌饭的美味。物资稀缺时，老一辈人用猪油渣配着青菜、慈姑一起翻炒，清脆可口，香而不腻。

口味： 鲜香

制作： 猪板油熬制出猪油渣备用；菜心洗净后一切二，焯水捞出；慈姑切丁过油后与猪油渣一同翻炒，倒入青菜调味翻炒，加清汤，加盖焖烧片刻即可。

七宝热气羊肉

据说,在光绪年间,七宝当地一位庄姓文人家境贫寒,夫人巧妙地用自家养殖的羊制作出丰盛的全羊宴,招待客人,此事后来传为佳话,也使得七宝羊肉的名声远扬。

口味:原味
制作:山羊肉浸泡去血水后焯水;大锅下姜葱、盐、料酒、羊肉,慢火煮至羊肉酥烂;去除骨头,切块装盘淋原汤,配酱麻油一同上桌。

张泽烂糊羊肉

张泽羊肉的烹饪技艺于2017年起被列入松江区非物质文化遗产名录。张泽地区的居民常以一盘白煮烂糊羊肉配一碗羊汤面,佐以一壶烧酒,开启新的一天。

口味:香嫩
制作:选用一岁龄的山羊,膻味较淡。羊肉放入木桶中,用木柴、大灶炖上3个多小时,直到底汤熬成乳白色,滤去油脂,剩下汤的清香;将煮好的羊肉捞出改刀即可。

红烧崇明山羊

崇明白山羊,是崇明地区特有良种,也是崇明的传统特产之一。上海羊肉做法历来有"北红南白"之分,以黄浦江为界,南面的松江、奉贤、金山,多以白煮为先,北面嘉定、宝山、崇明则多以红烧为重。

口味:咸中带甜

制作:山羊改刀焯水洗净;锅中放油煸香大葱、姜片、小米椒,放入羊肉煸炒,加入黄酒、酱油、老抽、糖、清汤调味;烧开后转中小火焖烧至酥烂,收汁撒上青大蒜即可。

红焖羊蹄

《大场镇志》记载:"小暑交大暑,热得无钻处,吃了热羊肉,健骨又强身。"宝山区大场镇得名于宋代在此设立的盐场。相传韩世忠的军队曾在此驻扎。盐民和将士中有不少人来自北方,北人喜食羊肉,食羊之风遂在此地传播开来。

口味:酱香

制作:羊蹄洗净后用火枪将多余的毛烧净,放入开水锅中将血沫沸透,捞出备用;起锅烧油,油温五至六成热,下葱、姜、八角、桂皮、香叶等香料煸香;下入羊蹄煸炒,下料酒、老抽、糖等调味品,大火烧开转小火焖1小时左右;大火收汁,淋点麻油出锅即可。

羊血羊杂汤

奉贤当地伏羊食俗流传千年。伏羊节于每年传统农历初伏之日开始，至末伏结束，持续一个月。在伏天吃羊肉是对身体"以热制热"，排汗祛湿的食补创举。在民间有着"伏羊一碗汤，不用神医开药方"的说法。

口味：浓香鲜

制作：凝结成块的羊血和煮熟后的羊杂清洗干净，切成小块；羊汤中加入姜片、葱段和少许料酒，将羊杂放入锅中煮沸，撇去浮沫，煮至羊杂熟透。

毛豆子农家红烧鸡

农家红烧鸡上桌，代表"大吉大利"，有着明年运势越来越好，生活会越来越滋润的美好寓意，是奉贤居民过年必吃菜品之一。

口味：咸香

制作：整鸡剁块，焯水洗净备用；热油锅煸香姜片、红椒、花椒，倒入鸡块、毛豆煸炒，加入料酒、酱油、老抽调味；加入清水没过鸡块，温火炖30分钟，待汤收尽，放入葱花，即可出锅装盘。

鸡骨酱

"鸡骨酱"由鸡肉边角料和鸡骨做成,可搭配面条、米饭。

口味: 咸中带甜

制作: 童子鸡斩块调味,加入鸡蛋、生粉腌制上浆;干辣椒段炸制备用;热锅凉油,煎鸡块至两面金黄,倒出;锅中放入甜面酱、黄酒、生抽、老抽、白糖,放入鸡块,打芡明油放入干辣椒段、花生米出锅装盘即可。

板栗扣鸡

二黄鸡是相对于三黄鸡的一种称呼,两者有本质区别,三黄鸡指黄羽黄皮、黄喙、黄脚的鸡,二黄鸡则指黄喙、黄脚的鸡,肉质更为紧实。

口味: 香糯

制作: 将二黄鸡过水后捞出洗净,放入老卤中烧熟焖透;放入板栗,出锅扣入荷叶中上桌。

草鸡水面筋汤

纯手工水洗面筋塞肉，一道江浙沪的家常名菜。在鸡汤中放入煮熟的水面筋，皮薄馅嫩，晶莹剔透，轻咬一口鲜汁饱满。

口味：鲜香
制作：500克面粉、300克水、2克盐混合，揉面，醒一个小时加水，洗出水面筋；肉、笋、榨菜丁搅馅，加适量葱、姜、蒜、盐等调味搅拌；与散养土鸡汤一起文火慢炖至出锅。

花菜炒时件

上海逢年过节杀鸡，取心、肫、肝、肠四件内脏跟蔬菜搭配热炒。最初唤作"炒四件"，后来慢慢喊成了"炒时件"。

口味：鲜脆
制作：花菜切块，鸡杂去油洗净，青椒切块备用；鸡杂放料酒、盐、味精、生粉、姜末腌入味，花菜焯水；起锅放油，煸香姜葱，放鸡杂爆炒，淋料酒，放入花菜爆炒调味，淋麻油即可。

香芋啤酒鸭

香芋是在崇明民宅的院墙旁、篱笆边攀缘生长的植物，因其香气馥郁好闻，长得既像土豆又像芋头，便被称为香芋。作为崇明特色农产品，香芋肉质细腻，香糯可口，煮后不糊，是崇明地区中秋节期间最具代表性的农家食材之一。

口味：咸鲜
制作：草鸭切块煸炒，放入干辣椒、葱姜等香料焖烧；香芋去皮切块，等鸭块烧至八成熟时放入香芋，待香芋烧熟后，收汁出锅装盘。

牛肚雪菜烧水鸭

选用南汇特产牛肚雪菜，其制作技艺已入选浦东新区非物质文化遗产名录。

口味：咸鲜
制作：将鸭洗净，焯水捞出备用；锅烧热放入少许油，将牛肚雪菜、葱姜煸香，放入鸭子，淋入料酒、酱油、糖和水调味后转小火煮至酥软；开大火收汁后装入砂锅中即可。

八宝葫芦鸭

八宝鸭源自对苏州八宝鸡制作技艺的学习与创新,时至今日,大众普遍仅知晓上海八宝鸭,而对苏州八宝鸡则知之甚少。

口味:酱香
制作:麻鸭拆骨,酿入八宝馅,捆成葫芦状;葫芦鸭过水,涂上生抽,炸至金黄色;锅留底油煸香姜葱,放入鸭子,淋料酒,加水、酱油、盐、糖调味,慢火烧至麻鸭酥软即可收汁装盘。

慈姑扣鸭脯

慈姑营养价值较高,是低脂肪、高碳水化合物的食品,在"水八仙"中,其碳水化合物的含量高于莲藕和荸荠,仅次于芡实。慈姑是"瘦物",极吸油,所以要用脂高厚重、浓油甘香的食物一起煮炒。上海大厨常选用鸭脯,用其油脂去中和慈姑的苦涩,慈姑扣鸭脯是道下饭的好菜。

口味:鲜嫩
制作:鸭脯煨制上色,切片铺在碗底;慈姑用鸭脯酱汁焖烧入味,装入扣碗中,蒸制一小时,倒扣入盘中,汁水打芡淋在鸭脯上即可。

鸡鸭血汤

鸡鸭血汤的起源与一位名叫许福泉的小贩有关。他在1925年前后，在上海的城隍庙附近摆摊，使用一个俗称"铁牛"的深腹铸铁锅烧汤。这个锅中间用铝皮隔开，一半用于烫血，另一半则以鸡头鸡脚吊汤。许福泉的特色做法是根据客人的需求，从盛器中拨取少许心、肝、肫、肠，然后浇上一勺血汤，撒上葱花，淋上几滴鸡油。他做的血汤鲜味四溢，令人回味无穷。独特的食材选择和烹饪方法，使得鸡鸭血汤在上海地区广受欢迎。

口味： 鲜香

制作： 鸡肝、鸡肫、鸡肠等洗净后切片，鸡鸭血切小块焯水备用；铁锅用葱姜炝锅后放入鸡肝、鸡肫、鸡肠等煸炒，喷入黄酒，加入鲜汤后放入鸡鸭血、盐、胡椒粉，烧开后撇去浮沫；装盆时撒上青大蒜段，滴上麻油即成。

堰八仙

"堰八仙"即"堰八鲜",是上海金山张堰镇的特色菜肴,通常包括白切大肠头、鸡蛋糕、盐卤大白干、紫茄、酱油肉、咸肉、鹌鹑蛋烧肉皮、油豆腐塞肉这八种当地受欢迎的传统菜,色泽鲜亮,口味丰富。

口味: 鲜香

制作:

【白切大肠头】大肠洗净飞水,加葱姜料酒煮至酥烂,切件装盘蘸酱油。

【盐卤大白干】本地白干焯水,盐水卤制,切件装盘即可。

【鸡蛋糕】鸡蛋打匀加温水、盐,蒸制定形,冷却后切件装盘即可。

【紫茄】茄子洗净,蒸熟后切件装盘即可。

【酱油肉】本地酱油肉洗净蒸熟,切件装盘。

【咸肉】本地风干咸肉洗净后泡2小时,蒸熟后切件装盘即可。

【鹌鹑蛋烧肉皮】干肉皮浸泡透,改刀飞水,加高汤、鹌鹑蛋调味装盘。

【油豆腐塞肉】猪夹心肉洗净后斩成肉糜,加葱姜水、盐、胡椒粉打上劲,塞入油豆腐内,加高汤煮透调味即可。

浦东老八样

浦东老八样是浦东农村传统宴席中的一种菜肴组合，起源于周浦。在旧时，浦东农村操办喜酒，席中有鸡、鸭、鱼、扣肉、咸肉、蛋卷、三鲜和扣三丝八个菜，"老八样"与八仙桌，是一种饮食制度的契合。

口味： 多味

制作：

1. 鲫鱼两面煎好，调味烧至入味收汁；
2. 肘子烧入味后改刀再倒扣于盘中做成扣肉；
3. 草鸡制成葱油鸡；
4. 将鸡胸、火腿、笋切丝，做成扣三丝；
5. 将肉皮泡软改刀，加入鸡汤调味；
6. 蛋卷扣入碗中；
7. 熏鱼、草鸡、草虾、白菜制成什锦砂锅；
8. 咸肉和水笋一同扣入碗中。

扣三丝

浦东有"三把刀",其中之一是三林的菜刀,就是肯从三林出来的厨师。他们的代表作就是本帮菜中的经典——扣三丝。扣三丝这道菜最早出现在上海本地乡村的小饭馆里是没有火腿丝的,就是猪肉、竹笋和鸡脯各一份。这道菜是功夫菜,极考验刀工,是本帮菜里最精致的菜肴之一,按照最传统的做法,一客扣三丝共要切1999刀。扣三丝象征团结:三丝扣在一个碗里,紧密地团结在一起,分也分不开。也有人说,结婚酒席上,碗里的扣三丝堆得高高的,像金山银山,象征着以后小夫妻会发财致富。很多饭馆里都有扣三丝这道菜,既能博得食客的赞赏,也能炫耀自家厨师的刀工。

口味:鲜咸
制作:冬笋、火腿、鸡胸肉切成丝,加猪油、盐拌匀;涂有猪油的小碗中放入一个香菇,将冬笋、火腿切成均匀的丝码在碗里;将拌好的三丝填入碗中压紧,上蒸箱蒸20分钟,取出倒扣盆中,加入调味的清鸡汤。

汤肉皮

在中国传统饮食文化中，猪肉是一种常见的食材，而猪皮则往往被视为一种副产品。通过制作汤肉皮，人们巧妙地利用了猪皮这一食材，体现了节俭和物尽其用的传统美德。汤肉皮的制作需要经过长时间的炖煮，以确保猪皮变得柔软且入味。这种烹饪方法体现了中国烹饪中对火候和时间的精准掌握，以及对食材特性的深刻理解。

口味： 鲜嫩

制作： 烧开水放 2 勺盐，肉皮焯水，再次煮开后捞出备用；热锅冷油，一半葱花煸香，加料酒，倒入高汤和肉皮，加盐和鸡鲍汁；盖上锅盖焖煮，煮开后撒上剩余葱花即可。

蒸三鲜

本帮菜起源于浦东的三林塘,即上海本地的家常菜。蒸三鲜,顾名思义讲求一个"鲜"字,但配料远不止三样,是一道由肉皮、熏鱼、蛋卷等多种荤素食材搭配而成,讲究原汁原味的美食。

口味:鲜香

制作:将准备好的咸肉、蛋饺、肉圆放入锅中,加入适量冷水,对原料进行焯水去腥;依次将原料摆成扇形;加入高汤调味后,再炖煮至配料熟透即可。

蜜汁走油蹄

过去,上海人想吃到走油蹄髈,非得是婚丧嫁娶这种大场合才行,足见其在人们心中的地位。

口味:咸鲜

制作:蹄髈烧毛清洗,加水,放入葱姜,清炖至八成熟;蹄髈涂抹生抽炸至表面起壳,捞出放入冰水;蹄髈加入葱姜、香辛料、冰糖、生抽、老抽,烧至入味收汁,扣入碗中。

雪菜水面筋炖蚌肉

蚌肉异名"河歪",《本草再新》中写道:"治肝热,肾衰,托斑疹,解痘毒,清凉止渴。"《随息居饮食谱》中写道:"清热滋阴,养肝凉血,熄风解酒,明目定狂。"雪菜水面筋炖蚌肉深受闵行人钟爱。

口味: 鲜咸

制作: 将水面筋洗净改刀,河蚌肉洗净氽熟改刀,雪菜切末备用;在高压锅内加入浓汤,将蚌肉压制成熟取出,加入雪菜和改好刀的面筋煨至成熟,调味装盆即可。

捏菜炒河蚌

春季青菜冒出的菜薹,松江人称为菜尖,可加工做成捏菜,脆嫩可口。再加上清明前河蚌干净、肉质肥厚,此菜成为松江地区春季时令菜。

口味: 咸鲜

制作: 河蚌去壳放入高压锅压20分钟,取出晾凉切厚片;菜苋切粒加盐捏制;春笋、红椒切片,放入捏菜用菜油煸炒,炒干水分后放入蚌肉,加料酒去腥,加入浓汤调味收汁,撒入胡椒粉装盘。

河蚌烧豆腐

河蚌烧雪菜

河蚌烧草头

江南地区水系丰富，多见河蚌，又因其肉质鲜美，营养丰富，自古便被视作一种美食。

口味：鲜咸

制作：河蚌洗净、切块，放入高压锅烧制入味，可与切块过水后的豆腐烧制，也可放入雪菜或草头烧制。

雪里蕻炒蚬子肉

"菜花蚬子清明螺",在江南地区,油菜花烂漫盛开时,河湖里的蚬子也格外肥嫩,正是品尝春季河鲜的最佳时机。

口味: 鲜脆

制作: 冷水下锅,加料酒煮蚬子去腥;蚬子开口后捞出,用冷水洗净;剥出蚬肉,清洗干净泥沙;雪里蕻泡去咸味,挤干切碎,取菜梗;锅中放猪油,炒香干辣椒和雪里蕻,加入笋片和蚬肉,炒至水分干;加盐、鸡精和糖,焖煮1分钟即可出锅。

韭菜炒海蜇

韭菜炒海蜇是一道具有地方特色的渔家菜,起源于金山嘴渔村。很久以前,渔民们捕获到大量海蜇,但嫩海蜇由于无法用来制作传统的腌制海蜇,常常被丢弃。后来,有渔民尝试将嫩海蜇与韭菜一起炒制,意外发现这种搭配非常鲜美,这种简单的烹饪方式逐渐流传开来,成为当地非常经典的一道菜。这道菜的季节性非常强,主要在每年的6月中旬到7月底供应,因为这段时间内捕获的海蜇最为鲜嫩。

口味:香脆

制作:烧热油,下蒜蓉爆香;放入韭菜炒熟,再下海蜇丝翻炒一分钟,加盐、酱油炒均匀即可装盘。

罗宋汤

罗宋汤最初源自东欧的红菜汤,这是一种咸中带小甜小酸的汤品。在 20 世纪初,随着十月革命后大量白俄人迁移到上海,这种红菜汤也随之传入中国。

口味: 香浓
制作: 牛肉清洗后切块,煮沸后撇去浮沫,小火炖至酥软;准备洋葱、胡萝卜、土豆、红菜头、西红柿、卷心菜和芹菜;另锅融化黄油,炒洋葱至透明,加胡萝卜和土豆翻炒;将牛肉和汤汁倒入蔬菜锅,加西红柿、红菜头,倒入牛肉高汤或水,加盐和黑胡椒调味,炖 30 分钟;加入卷心菜和芹菜,继续炖 10 分钟。

主食点心

草头菜饭

草头,即南苜蓿,是一种古老的植物。香喷喷的草头菜饭是浦东人最喜欢的食物之一,尤其是土灶上烧的,保留了老浦东的特色风格。

口味: 香糯

制作: 锅中加入少许食用油,煸炒咸肉片,待其炒出油脂和香味后,再加入香肠继续煸炒;春笋与蘑菇切粒,一起加入锅中煸炒几分钟,直至食材变软;煸炒好的咸肉、香肠、春笋和蘑菇倒入锅中,加入控干水分的大米,用大火快速翻炒,使大米充分吸收食材香味,加入草头拌匀;将炒好的食材连同大米倒入电饭锅,加入适量清水,启动煮饭模式;煮好后,盖上锅盖焖几分钟,让草头的香味更加融合。

豇豆菜饭

豇豆含有丰富的蛋白质和维生素，嘉定当地百姓常用自家种的豇豆和米饭同煮，豇豆的清香与米饭的软糯相得益彰，米香四溢，既饱腹又营养。如今，这种传统菜饭成为了人们心中的故乡滋味。

口味：香糯
制作：煮米至半熟，沥干备用；炒豇豆和姜片，加盐，加水至平；铺上半熟米，小火焖煮，待爆响后尝豇豆，未熟则加水焖煮，熟后翻炒出锅。

猪油拌饭

在物质稀缺的年代，勤劳的母亲们总能就地取材，用一勺猪油和一碗米饭，神奇地变化出可口的一餐。

口味：猪油香
制作：先把饭做熟，放在盘子里备用；锅微热，下猪油融化后，放入酱油及作料、葱末，然后倒入米饭拌匀，放入适量盐，待起锅时放入适量味精。

鲜肉大包

正宗的上海鲜肉大包,每个重约二两,其内馅的汤汁通常是白汤,不掺杂酱油和葱花,以盐、糖和姜来调味。在馅料与面皮之间那薄薄的一层,既带着肉馅的鲜味,又不失面皮的绵软。

口味: 咸鲜
制作: 五花肉酱中加入生抽、老抽、盐、味精、糖、葱姜水调味;低筋粉加酵母、糖、泡打粉、水揉搓成团;下剂擀开包入馅心,醒发20分钟,蒸制10分钟即可。

蔬菜包

菜包子,在上海叫菜馒头,是上海人经常排队购买的特色小吃。虽然是素馅,但是其鲜美程度,诱人到顾不得包子烫手,一口浓郁香味直接充满鼻腔。

口味: 咸甜
制作: 青菜香菇切碎挤干水分,调味备用;低筋粉加酵母、糖、泡打粉、水揉搓成团;下剂擀开包入馅心,醒发20分钟,蒸制10分钟即可。

豆沙包

豆沙包以其暄软、香甜、绵密的口感,深受上海人喜爱。豆沙包一定要趁热吃,此时外皮柔软有韧性,且有回弹。圆润饱满的豆沙包,用牛皮纸包裹,拿在手中还微微有些烫,让人不禁回忆起小时候的感觉。

口味: 甜

制作: 将红豆蒸制成熟后去壳,放入平底锅中,加入猪油、糖炒干;低筋粉加酵母、糖、泡打粉、水揉搓成团;下剂擀开包入馅心,醒发20分钟,蒸制10分钟即可。

生煎

生煎馒头早已融入上海人的日常生活,有时一天的开始,就是一份生煎馒头,有时一天的结束,也是一份生煎馒头。对其的评价标准是:"皮薄不破又不焦,二分酵头靠烘烤,鲜馅汤汁满口来,底厚焦枯是败品"。

口味: 咸鲜

制作: 五花肉酱中加入生抽、老抽、盐、味精、糖、葱姜水调味,再拌入支冻待用;低筋粉加酵母、糖、泡打粉、水揉搓成团;下剂擀开包入馅心,醒发20分钟,煎制成熟即可。

锅贴

锅贴和生煎不同,用的是 90 度开水烫面,和面再压面,从死面变成活面要经过四五次流程,才能有 Q 弹的面皮,而且擀锅贴皮只能纯手工。上海传统锅贴肉馅里不加酱油和葱,吃的就是纯肉馅的原汁原味;锅贴底子不焦但很脆,皮薄馅多,咸淡适中,咬一口就有汤汁流出来,口感特好。

口味: 脆香

制作: 五花肉酱中加入生抽、老抽、盐、味精、糖、葱姜水调味;中筋粉加入开水揉搓成团后包入肉馅,放入平底锅中加油加水煎至成熟即可。

方糕

因制糕工具是方格形状,故起名叫方糕。方糕的表面印有各种花纹和图案,包括"福""禄""寿"等吉祥文字,有着带来好运的寓意。

口味:微甜

制作:大米粉加入冷水后过筛;将过筛后的粉先放一层入模具中,再放入豆沙,撒一层粉按压成形;蒸制6分钟即可。

崇明糕

俗语有"有钱没钱,蒸糕过年""吃了崇明糕,年年高"。崇明糕距今有近千年的历史,其传统制作技艺被列入上海市非物质文化遗产项目。崇明糕清香松软,糯而不黏,有松糕和硬糕两种。松糕一般吃冷的;硬糕一般是热过了以后再吃。崇明糕不仅口感独特,而且富含营养。

口味:糯香甜

制作:将糯米粉、大米粉、糖粉、猪油、红枣、赤豆加水搅匀;蒸制40分钟即可。

定胜糕

相传,为了鼓舞韩世忠的韩家军出征,百姓特制了一种糕点,糕上印有"定胜"二字,称为"定胜糕"。另一种说法是,南宋定都杭州后,岳飞为保护国土多次领军出征,杭州百姓沿途都会送上定胜糕,盼胜利归来。

口味:香糯
制作:大米粉中加少量糯米粉、一勺桂花,倒入少量水搅拌均匀,至米粉呈粗粒状;加少许红曲米粉,用手搓,使米粉变细;过筛后的米粉放入硅胶膜,先放一半,加少许豆沙或者红枣、葡萄干夹在中间,再覆盖上另一半米粉;锅中烧开水,把做好的糕模放入蒸屉,大火蒸制 20 分钟即可。

松糕

迎新吃糕是上海的传统习俗之一，因为"糕"与"高"同音，有"节节高""步步高"的好口彩。松糕对生产技艺要求很高，纯手工制作。米粉是松糕的"灵魂"：将粳米、糯米配比淘洗浸泡磨粉后，需要"醒"一段时间，才能做糕。最终目标是蒸出来的松糕既要能看见粒粒分明的米粉，又要松软可口。

口味：松软甜
制作：米粉加入冷水后过筛；将过筛后的粉先放一层入磨具中，再放入豆沙，再撒一层粉按压成形；蒸制20分钟即可。

徐行松糕

徐行松糕是嘉定地区的一种传统美食。这种蒸糕以其独特的制作工艺和口感在当地非常受欢迎。相传徐行松糕最初是作为过年的贡品，由当地衙门精选并进贡给南宋朝廷，因其香甜可口、韧劲十足而受到皇帝的喜爱。后来，徐行松糕逐渐成为民间广泛流传的食品，每年的春节前，人们都会制作并享用这种蒸糕，以祈求"蒸蒸日上，阖家团圆"。

口味：香糯微甜
制作：大米粉加入冷水后过筛；将过筛后的粉先放一层入磨具中，放入豆沙，再撒一层粉按压成形，蒸制6分钟即可。

叶榭软糕

在上海地区，吃蒸糕的习俗历史悠久。每逢春节与重阳节，民间都要蒸糕、吃蒸糕，有着"蒸蒸日上，节节高"，"高高兴兴过大年"的寓意。

口味： 香糯

制作： 白粳米、糯米在水中浸泡4天以上，每天换水；米经晾透后用石臼舂粉细筛3次，再用筛子筛入蒸格，辅以精细绵白糖和各色馅心，荷叶衬垫，蒸煮而成。

绿豆糕

在炎热的夏季，除了清凉解渴的绿豆汤，人们对绿豆糕同样情有独钟。绿豆糕以其入口即融的细腻口感、甜而不腻的风味赢得了人们的青睐。

口味： 糯香

制作： 将糯米粉、粘米粉、糖粉、猪油、绿豆加水搅匀；蒸笼上气后蒸制40分钟即可。

赤豆糕

上海人爱吃甜。赤豆糕吃起来软糯不粘牙,还能嚼到一粒粒的豆子,酥软甜蜜,嘴里充斥着红豆味。

口味: 甜糯

制作: 将糯米粉、粘米粉、糖粉、猪油、赤豆加水搅匀;蒸制 40 分钟即可。

条头糕

条头糕是江浙沪地区的传统糕点,有逾百年的历史。糯软、甜美和香气四溢的特点,使它无疑位列上海人最钟爱的糕点之一,成为上海人日常生活中不可或缺的美食符号。

口味: 甜糯

制作: 将糯米粉、糖粉、猪油加水搅匀,蒸制 40 分钟后放凉;取一块糯米团擀开包入豆沙后,卷起两边修平整即可。

双酿团

双酿团是上海特色小食，色泽呈半透明状态，甜糯香美，凉爽可口。作家沈嘉禄曾在《吃剩有语》中这样描写双酿团："一口咬下，露出一层浅褐色的豆沙，再咬一口，就会喷出黑洋酥来。双酿团是带有悬念的点心，有更上一层楼的诗意。"

口味： 香甜糯
制作： 将糯米粉、糖粉、猪油加水搅匀，蒸制 40 分钟后放凉；取一块糯米团包入豆沙后再包入黑芝麻馅，最后裹一层黄豆粉即可。

青团

青团的起源可以追溯到唐代，有超过 1000 年的历史。青团最初主要是用于祭祀，人们会在清明节期间蒸制青团来祭祖和纪念故人，如今已成为一道时令性很强的小食。青团也被称为"艾团"或"清明果"，它的口感绵软，带有清淡的艾草香气，是一款天然绿色的健康小吃。

口味： 香甜
制作： 糯米粉中加入艾草叶水揉搓成团；包入豆沙后制成扁球状，蒸制 8 分钟即可。

鲜肉粢毛团

据传，乾隆皇帝下江南时，曾到访塘栖。当地县官召集名厨，要求制作特色菜肴。一位厨师不慎将肉圆掉入预先浸泡好的糯米中，结果肉圆被糯米粘住。厨师灵机一动，将肉圆滚上糯米后蒸制，意外创造出了这道菜。乾隆皇帝品尝后赞不绝口，询问此菜名，厨师回答因糯米粘在肉圆上形似"刺毛"，故得名'粢毛肉圆"。

口味：鲜咸
制作：隔天把糯米泡好；糯米粉加适量水搅拌成团，包好肉馅后外面裹一层糯米；上锅蒸 10 分钟即可食用。

鲜肉汤团　豆沙汤团

汤团也叫汤圆，象征着团圆美满。对于上海的居民来说，元宵节若未能品尝几颗汤团，便显得缺少了节日的仪式感。

【鲜肉汤团】

口味： 鲜糯

制作： 五花肉酱中加入生抽、老抽、盐、味精、糖、葱姜水调味；将糯米粉加入开水揉成团，包入馅心；放开水中煮熟即可。

【豆沙汤团】

口味： 香甜糯

制作： 将红豆蒸制成熟后去壳，放入平底锅中，加入猪油、糖炒干；将糯米粉加入开水揉成团，包入馅心；放开水中煮熟即可。

鲜肉月饼

在上海，无论是繁华的商业街还是弄堂口，鲜肉月饼的身影随处可见。鲜肉月饼不仅是中秋节期间的特色食品，更是全年无休的美食代表。

口味： 酥脆 咸鲜

制作： 五花肉糜中加入生抽、老抽、盐、味精、糖、葱姜水调味；低筋粉加猪油揉油酥，高筋粉加入猪油、温水，揉成油面；油面包入油酥，开面下剂擀开，包入馅心后烤制。

阳春面

很早以前一碗清汤光面的价格是十文钱,由于人们习惯将十月称为小阳春,从而这碗面被赐予了一个雅致的名字——阳春面。

口味: 鲜香
制作: 老母鸡焯水后熬煮4小时,过滤出鸡汤调味;面条煮熟放入鸡汤中,撒入葱花即可。

炒面

浓油赤酱,且混杂着鲜辣粉独特香气的重油炒面是20世纪八九十年代上海街头的重要吃食。炒面选用碱水面,在面条处理上,要先蒸后煮,最后将它放冷水里过一遍。洗好后给面条拌点油,放一旁让面条醒发,这样面条就富有嚼劲,根根分明。在面炒到三分之二的时候,加入鲜辣粉翻炒,让鲜辣粉裹满每根面条,在提鲜的同时,为面条带来独有的香气。重油炒面的风味会更浓郁,更地道。

口味: 咸鲜
制作: 将中粗面放入开水中煮熟捞出过凉水;肉丝上浆后滑油;锅中留底油放入面条、鸡毛菜、肉丝、生抽、盐,调味后翻炒均匀即可。

葱油拌面

葱油拌面是一道以面条、猪油、黄瓜丝、开洋、葱、姜、盐、鸡精、酱油、白糖、料酒、桂皮、大料制作而成的家常面食，色香味俱全，是上海的招牌美食。将煮熟的面条放上葱油一起拌着吃，面条有韧劲又滑爽，开洋鲜美，葱油也很香。一碗葱油拌面对讲求乐惠的上海人而言，是再妥帖不过的了。既讨着了便宜，又填饱了肚子，更有葱香萦绕一餐。

口味： 香咸鲜
制作： 将葱段加入热油中熬制葱油；将面条煮熟，拌入生抽、盐调味，淋入葱油搅拌均匀即可。

麻酱拌面

上海麻酱拌面起源于20世纪40年代，起初在街头摊点流行，因其亲民的价格和独特的麻香而受到喜爱。到了90年代，特色面馆如味香斋将麻酱拌面作为招牌，使其成为上海的标志性美食。麻酱主要由芝麻酱和花生酱混合制成，涂抹于细面条上并快速搅拌，面条软而滑，加入适量辣椒油和醋，增添风味而不油腻。

口味： 咸香
制作： 麻酱用开水调好，加入盐、醋搅拌；下好面条，一拌即可食用。

冷面

冷面已有百年历史，早在 1923 年就已成为上海市民夏日的常见食品。1933 年，冠生园饮食部推出了以鸡蛋面制成的冷面，主打"味美卫生"。上海冷面与其他地方的凉面不同，采用的是先蒸后煮再吹凉的方法。由于用自来水冲凉容易导致卫生问题，冷面在上海曾被禁止销售，直到发明了"风扇冷面"。冷面通常分"干蒸派"和"湿煮派"两种。干蒸派需要将面条抖松后蒸过，再下锅煮熟，然后吹凉待用。湿煮派则省却蒸的工序，直接下锅煮熟后再吹凉待用。面条一般选用小阔面，不宜太粗，有些店家会定制 10 斤面粉加 1 斤鸡蛋的面条，使得冷面金灿灿，松软可口。

口味： 筋道爽口
制作： 把面条下在锅中煮熟，捞起后挂在台板上，再放入食用油边拌开边吹风至凉；加入适量麻酱搅拌均匀即可食用。

两面黄

正宗的两面黄必须具备"松、脆、软、香"这四个口感特征。它分为"硬"和"软"两种类型，硬两面黄是将生面直接油炸而成，而软两面黄则是将煮熟的面滤干水分后再进行油炸。当两面黄炸至金黄，散发香气时，便捞出装盘，淋上新鲜炒制的浇头。浇头是灵魂所在，外层酥脆而内里柔软的面条吸收了热腾腾的鲜美浇头，使得每一口都香酥可口，层次分明。

口味：咸鲜

制作：将香菇、冬笋、火腿、虾仁用盐、味精调味勾芡待用；将面条煮熟后放入平底锅，煎至两面金黄，淋入烧好的浇头即可。

荠菜大馄饨

中国人吃馄饨的历史,据说可以追溯到汉代,至今已逾两千年。南北朝时,《颜氏家训》中便有记载"今之馄饨,形如偃月,天下通食"。春天的荠菜虽鲜美无敌,但口感多少有一点柴,所以上海人在调制荠菜大馄饨馅心时,通常会加入一些口感柔嫩的青菜,以调和软化整体的口感。

口味:咸鲜

制作:五花肉糜中加入生抽、老抽、盐、味精、糖、葱姜水调味,加入溲碎的青菜和荠菜拌匀待用;包入大馄饨皮中,煮熟即可。

油煎大馄饨

油煎大馄饨以其独特的风味和制作工艺,成为了松江区及其周边地区的一道特色小吃。无论是作为早餐还是夜宵,这道美食都能给人带来美好的味觉体验。

口味:油香

制作:将拌好的馄饨馅包入馄饨皮里面;馄饨煮熟冷却待用;放平底锅中煎至金黄即可。

麻酱馄饨

麻酱馄饨的历史可以追溯到清朝末年的江苏、浙江一带。随着时间的推移，这道美食逐渐传入上海，并在上海独特的饮食文化中发展演变，成为上海特色小吃之一。馄饨的主要特点是皮薄馅嫩，汤清味美，而麻酱的香浓口感更为其增添了独特的风味。最初，麻酱馄饨是以大馄饨的形式出现。麻酱的使用可能是受到北方饮食文化的影响。进入上海后，当地人根据自身口味对传统馄饨进行了改良，发展出小馄饨的形式，更适合快节奏的生活方式。麻酱的比例和调料的搭配也经过多次尝试，形成了今天广受欢迎的独特味道。20世纪中期以后，随着上海经济的快速发展和城市化的推进，麻酱馄饨在各大餐馆和小吃摊广泛流行，成为许多上海人日常生活中不可或缺的一部分。

口味：鲜香
制作：花生酱用开水调好，加入盐、醋搅拌好备用；将馄饨包好煮熟，加入调好的酱汁即可食用。

鲜肉小馄饨

上海小馄饨讲究的是皮要薄如纸，半透明，露出里面粉红色的馅料来。馅料为新鲜猪肉，裹在折叠若花的皮子里，口感和鲜味俱佳。

口味：咸鲜
制作：五花肉酱中加入生抽、老抽、盐、味精、糖、葱姜水调味；包入小馄饨皮中煮熟即可。

糖糕

吃糖糕有个诀窍，就是现炸现吃，炸好即食。因为这种吃法最能体现糖糕香甜酥脆的特点。

口味：松甜
制作：将低筋粉、泡打粉、酵母放入红糖水后揉搓成团；面团醒发后制作成形，放入油锅中炸制成熟即可。

大饼

大饼是"上海早餐四大金刚"中的一员,口味可分为咸和甜两种,形状也有长形和圆形之分。咸味的大饼通常被称为"朝板",形象类似古代官员手里的笏板;而甜味的大饼则被称为"盘香",因其盘起来的形状有如蚊香。

口味: 脆香 甜/咸
制作: 低筋粉加猪油揉油酥,高筋粉加入猪油、温水,揉成油面;油面包入油酥开面下剂,擀开包入白糖(或葱油酥),涂蛋液撒上白芝麻;放入炉子烤至表面金黄即可。

葱油饼

正宗的上海葱油饼得先将面团和上油酥,摊开,抹上板油,撒葱花和粗盐。接着将面团卷起,制成饼坯,再擀平。在炉火铁板上双面烤制后,将饼放入炉中,涂上油继续烘烤,翻面后再涂油烘烤,直至两面金黄色并变得酥脆。经过煎烤,葱油饼爆发出青葱与油混合的咸香,饼皮酥脆,内里柔软,用料丰富,现做现卖,令人垂涎三尺。在弄堂里,早晨摊位前排起的长队,葱油饼的香气弥漫,一口咬下满嘴酥脆,是上海人童年记忆口的美妙体验。

口味: 脆香

制作: 将板油切碎,加入葱花、面粉、盐,淋入热油搅拌均匀;将高筋粉、猪油、温水混合,揉搓成团后下剂擀开,抹上油酥,卷至成形后放入平底锅煎至成熟即可。

老虎脚爪

老虎脚爪是20世纪上海地区传统小吃之一。烘饼形状类似老虎的爪子，吃起来外脆内软，带甜味。老虎脚爪表面脆而不硬，稍显坚实是其特色，还有略一点点碱香味。用老面发酵的传统方法制作，据说可以帮助消化。以前胃病患者胃痛起来，都要买老虎脚爪吃。

口味：香甜

制作：中筋粉加入泡打粉、酵母、红糖水揉搓成团；用剪刀剪成脚爪形后放入烤箱，每5分钟刷一层红糖水，烤制20分钟即可。

海棠糕

海棠糕起源于清代，其名称来源于糕点的形状酷似海棠花。海棠糕外层包裹着一层薄薄的面粉皮，内里则是香甜的豆沙馅料，在特制模具中烘烤制作而成。刚出炉的海棠糕分外香甜，热食尤佳。

口味：香甜

制作：中筋粉中加入红糖、泡打粉、酵母、水搅拌成糊状后倒入模具；加入豆沙后放于灶台烘制。

油墩子

油墩子,这一深受上海人喜爱街头美食,以其简单却美味的特质,让人一尝难忘。制作油墩子时,先将调和至适宜稀稠度的面糊倒入椭圆形铁勺,撒上葱花和咸香的萝卜丝,然后覆盖一层面糊,入油锅炸至金黄酥脆。品尝时,油墩子外皮酥脆,内含的萝卜丝清甜,而鸡蛋则增添了细腻的口感,整体风味层次分明。此外,油墩子在寒冷天气中,以其高温炸制的特性,为人们带来一份温暖的慰藉。

口味:脆香

制作:将萝卜丝用盐、味精调味;用面粉、精制油加水调成面糊后加入模具中,加入萝卜丝,再加一层面糊后放入油锅炸制成熟即可。

米饭饼

米饭饼发源于江苏北部,开埠后才在上海流行开来,老上海米饭饼是一道以酒酿原汁、大米粉为主料制作的食品。刚出锅的米饭饼松软可口,带着酒酿的微甜。一面焦黄,一面雪白,很像铜锣烧,所以也有人把米饭饼比作"上海版铜锣烧"。如今米饭饼在上海的小吃摊几乎绝迹。

口味:糯香甜
制作:将大米粉、水、酵母、糖打成面糊发酵;用平底锅煎至两面金黄即可。

萝卜丝酥饼

上海的萝卜丝酥饼是由面团包裹着内里的馅料，烤制而成。外层包裹着丰富的芝麻层，入口鲜香酥软，内馅饱满丰富，富有弹性的面团包裹着萝卜丝、火腿粒等馅料。其中的萝卜是整个酥饼的一大亮点，鲜美多汁，味道甘甜不辣，烤制后口感酥松，香气扑鼻。

口味：酥香
制作：将葱花、盐加入萝卜丝进行调味；低筋粉加猪油揉油酥，高筋粉加入猪油、温水揉成油面；油面包入油酥开面下剂，擀开包入馅心，涂蛋液，撒上白芝麻；放入烤箱烤至表面金黄即可。

蟹壳黄

俗称小麻糕，是地道的老上海点心，因其形圆色黄似蟹壳而得名。有人写诗赞它"未见饼家先闻香，入口酥皮纷纷下"。

口味：松脆 咸
制作：将猪板油切碎加入葱花、盐进行调味；低筋粉加猪油揉油酥，高筋粉加入猪油、温水揉成油面，油面包入油酥开面下剂，擀开包入馅心，涂蛋液，撒上白芝麻；放入烤箱烤至表面金黄即可。

下沙烧卖

下沙烧卖是具有悠久历史和独特风味的传统小吃，起源于上海南汇地区，以其特殊的手工擀制面皮和精制的馅料而闻名。面皮的制作采用了特殊工具，而馅料方面，咸味烧卖通常以春笋、鲜肉和猪皮冻为原料，甜味烧卖则使用豆沙、核桃肉、瓜子肉和陈皮。其中，笋肉烧卖是最受欢迎的一种，皮质透亮，口感筋道。2011年，下沙烧卖制作技艺被列入浦东新区非物质文化遗产目录。

口味：咸鲜
制作：五花肉酱加入生抽、老抽、盐、味精、糖、葱姜水调味后拌入冬笋待用；高筋粉加入冷水揉搓成团，下剂擀制烧卖皮后包入馅心，蒸制8分钟即可。

南翔小笼

南翔小笼是嘉定区南翔镇的传统风味小吃。其起源可以追溯到清代同治年间,至今已有100多年的历史,是国家级非物质文化遗产,名扬四海。南翔小笼以其皮薄、馅大、汁多、味鲜而著称。它的特色还在于精致的外形,每只小笼包都有14个以上的折裥,形如荸荠,呈半透明状。

口味:咸鲜
制作:五花肉酱中加入生抽、老抽、盐、味精、糖、葱姜水调味,拌入肉皮冻待用;高筋粉加水揉搓成团,下剂擀开包入馅心后蒸制6分钟即可。

蟹粉小笼

蟹粉小笼,鲜美无比,做工精致,虽为小吃,但做工的细腻不亚于很多大菜的工序,其中以上海的做法最为著名。上海口味的蟹粉小笼,是从淮扬风味的蟹黄汤包演绎而来。其皮薄而不破,每一只都玲珑剔透,汤水似乎在流动,蟹粉似乎在游走。上海小笼为白汤,但凡吃出红汤的均非本地传统做法。

口味:咸鲜
制作:五花肉酱中加入生抽、老抽、盐、味精、糖、葱姜水调味,拌入肉皮冻、蟹粉待用;高筋粉加水揉搓成团,下剂擀开包入馅心后蒸制6分钟即可。

油条

正宗的上海油条不使用明矾制作,而是添加少量小苏打,追求的并非体积庞大。油条作为上海早点的百搭,不仅可单独吃,与大饼的组合更是经典。此外,油条还能与粢饭团、豆浆、豆花、泡饭等食物搭配,既可蘸酱油,也可蘸白糖,是早餐四大金刚之一。在杭州,油条还有一个别称——"油炸桧",在宋朝,秦桧因陷害岳飞而遭到民众憎恨,人们便将油条命名为"油炸桧",象征将秦桧投入油锅中煎炸,以泄愤恨。

口味: 松脆
制作: 中筋粉中加入盐、发粉、水揉搓成团;醒发后制作成形,放入油锅中炸制成熟即可。

粢饭包油条

也称粢饭团,是上海早餐的四大金刚之一。糯米和粳米的比例为 3:1,泡发后蒸熟,然后根据顾客的需求加入不同的馅料,最后用糯米将馅料包裹起来,望成团状。经典的搭配是油条加白糖,这使得粢饭既有了香脆的口感,又增添了甜味。

口味: 糯香
制作: 将糯米蒸熟后揉搓成团;包入油条、肉松、榨菜后,用保鲜膜包好整形即可。

粢饭糕

粢饭糕的起源可追溯到旧时农民在田间劳作时携带的简易食物,随着时间的推移和制作方法的逐渐改进与创新,演变成今天我们所熟知的模样。在上海,粢饭糕通常与油条摊相伴出现,其形状类似扑克牌。经过油炸,外层呈现出诱人的金黄色,质地酥脆,而内层则保持了软糯的口感,带有咸鲜的味道。

口味: 脆香
制作: 将大米与糯米加水蒸熟后,调味整形,放入冰箱冷藏过夜;切成小块放入油锅炸至色泽金黄即可。

麻球

麻球是大众化的传统名点,最早始于清代,在上海极为盛行。油炸出锅后咬一口,外圈的面团是又香又糯,面上还有满满的芝麻,内里是空心的,馅心感觉像流沙一样,就要止不住地流出来了,吃得满嘴油!

口味: 脆香

制作: 水磨糯米干粉加白糖拌匀擦透,静置发酵,至糖分被米粉吸收、粉团发软;粉团摘成每个约40克,稍加揉捏后将其搓圆,用大拇指在中间按捏成碗形,包入豆沙馅,捏拢收口,滚上芝麻,即成生坯;放入油锅中炸制成熟即可。

烂糊肉丝春卷

在春节里,上海人是一定要吃春卷的。金黄的春卷是不是有点像金条?讨个新年里财旺运好彩头。

口味: 咸鲜

制作: 将肉丝上浆后滑油备用;大白菜丝、笋丝、香菇丝过水后,放一起煸炒,放入肉丝调味勾芡,制成馅心;冷却后包入春卷皮,放入油锅炸制成熟即可。

年糕团

年糕团的制作采用了粳米粉，质感软糯有咬劲。主要配料包括芝麻、白糖和油条，其中油条是现场煎炸的，增加了香气和层次感。它不仅仅是一种食品，还承载着上海人的记忆和情感。上海第一个年糕团诞生于虹口糕团厂，这一创新的食品在当时引起了轰动，许多人从虹桥、徐家汇等地赶来购买。随着时间的推移，虹口糕团厂虽然搬迁了，但传统年糕团的制作技艺和风味依然被传承下来，现在还推出了肉松油条芝麻糖粉年糕团等新品种。

口味： 软糯香甜

制作： 将糯米粉、粳米粉、猪油加适量水搅拌均匀，放入蒸笼中蒸40分钟，放凉备用；在放凉的糯米团中包入黑芝麻粉、油条等即可。

塔菜冬笋炒年糕

上海人习惯叫塔菜为"塌棵菜",因为谐音的关系,听起来像是"脱苦菜",寓意非常好。将塔菜与冬笋、年糕一同炒制,可谓以柔烩柔,别具一格。入口没有强烈的脆爽,而是充满纤维感,回味起来才有隐约的滑而不腻,仿佛带来一丝雨水的清新与宁静。

口味: 咸鲜
制作: 塔菜洗净,冬笋切片;将塔菜、冬笋煸炒后加入年糕,调味后炒制成熟即可出锅。

菜苋草头塌饼

草头塌饼以草头(南苜蓿)为主要原料,搭配糯米粉等食材制作而成。它的特点是清甜软糯,口感层次丰富,通常在春季上市,是嘉定当地居民喜爱的一种应季美食。

口味: 香脆
制作: 草头切碎后倒入糯米粉拌成团,制成小饼;小饼入锅煎至两面金黄后倒入少许水,小火煎至无水即可。

猪油／鸡油塌饼

一般会用小巧的擀面杖把塌饼擀得很薄，这样的塌饼煎好以后，吃起来脆脆的，同时又有着葱花的香味，里面的猪油或鸡油一点也不油腻，反而增加了塌饼的风味。

口味：咸鲜

制作：把糯米粉和面粉按照一定比例混合，用稀粥和好以后，捏成小团；白色的猪板油或黄色的鸡油切成半厘米见方，再放入少许盐、葱花提味，包入面团；下剂擀开，放入平底锅煎至成熟即可。

大肉粽

松江糯米颗粒饱满、糯香四溢，崇明土猪肉肥而不腻、瘦而不柴，是包粽子最好的食材。调味后的五花肉赤红油亮，松江糯米酱色深沉。卷叶，撒米，放肉，盖米，绑绳，这些常年练就的动作一气呵成，转眼就包成了四四方方的大肉粽。

口味：软糯香

制作：将糯米淘洗干净后，加盐、生抽、老抽腌制；选择三精三肥的五花肉切片，切好的肉片倒入生抽、老抽腌制调味；调味后的糯米和五花肉包入粽叶；肉粽放入酱油调味的开水中煮制成熟入味。

赤豆粽

据《本草纲目》记载,"古人以菰芦叶裹黍米煮成,尖角,如棕榈叶心之形,故曰粽,曰角黍,近世多用糯米矣"。粽子的外皮材料如今已从菰芦叶演变为箬叶,且内馅材料更加丰富,有豆沙、猪肉、松子仁、枣子、胡桃等。赤小豆制成的赤豆粽,剥开粽叶,异香扑鼻,豆酥米糯、糯而不黏,令人回味无穷。

口味:甜糯
制作:红豆洗净,放入锅内加水煮沸后滤水;糯米洗净后浸泡备用;粽叶泡热水软化,包入红豆和糯米;用棉绳扎紧,沸水煮熟红豆粽。

八宝饭

八宝饭是上海人年夜饭的压轴甜点之一,有吉祥如意、健康长寿的寓意。所谓"八宝",据说象征的是辅佐周王的八位贤士,在武王伐纣的庆功宴会上,天下欢腾,将士雀跃,庖人应景而做八宝饭庆贺。八宝饭由糯米、豆沙、枣泥、果脯、莲子、米仁、桂圆、白糖、猪板油等原料烹调制成,味道香甜,营养丰富。

口味: 糯甜

制作: 将糯米浸泡后,加入适量水,放入蒸箱蒸熟;取出糯米饭,加入白糖、猪油、桂花,搅拌均匀,把拌好的糯米放入容器成形,中间放入豆沙;在成形八宝饭上整齐摆上各种干果,放蒸箱蒸熟后,淋上桂花糖水芡汁即可。

油豆腐细粉汤

细粉是老上海传统叫法，亦作线粉，普通的称谓是"粉丝"。油豆腐细粉汤是一种著名的上海小吃，属于湿点。虽然它看上去有点清汤寡水，但配生煎等油腻的点心，则是绝配。

口味：咸鲜
制作：将细粉放入开水中泡软；油豆腐过水后放入鸡汤中烧开；撒上开洋调味即可。

咸豆浆

上海人早餐"四大金刚"中的大饼、油条、粢饭是干点，唯独豆浆是水水露露的湿货，干点心再添上一碗豆浆相互搭配，形成干湿调和。豆浆三姊妹是老大淡浆、老二甜浆、小妹咸浆，它们使普通百姓的早餐更加风味多彩。

口味：咸鲜
制作：将油条、虾皮、榨菜、生抽、盐、香醋放入小碗中；豆浆烧开后冲入小碗中即可，淋上辣油味道更佳。

南瓜面疙瘩

20世纪60—70年代，面疙瘩是上海家庭的常见主食。现在生活条件好了，鱼肉不愁，但是面疙瘩作为偶尔"翻花头"的餐点，还是会出现在上海人家的饭桌上。从和面到入锅、从熬汤到上桌都是纯手工，每一个步骤都是爱的味道。

口味：咸甜
制作：将高筋粉、盐、水搅拌成面糊状后，用勺子盛入开水中煮制成熟；将南瓜切成块放入开水中煮至软烂，加入面疙瘩调味即可出锅。

酒酿圆子

酒酿圆子在上海的历史可以追溯到至少100年前。在那时，这种食品因其独特的风味而受到欢迎。在上海，酒酿圆子不仅是一道美味的传统小吃，还常常在特定的节日或季节出现，如立夏期间，顾客更多。

口味：软糯甜香
制作：糯米粉加温水揉捏成团后，分割成小块，搓成圆子；将水烧开，把糯米实心圆子放进去煮熟，加入生粉和枸杞，最后加入酒酿和糖一起煮制至圆子浮到水面并散发出浓郁的酒香即可。

桂花糖芋艿

桂花糖芋艿于20世纪初作为中秋节的佳肴，在上海地区流行起来。上海五芳斋是传统桂花糖芋艿的制作者之一。他们还不断创新制作方法和口味，使得这道甜品更加多样化和精致。此外，桂花糖芋艿还衍生出了桂花糖芋糊等变种，丰富了人们的味蕾体验。

口味：清甜
制作：芋艿剥皮，将水烧开上锅蒸熟；加入可食用桂花和糖即可食用。

桂花糖粥

桂花糖粥起源于明朝时期的苏州，后逐渐传入上海并成为本帮特色小吃。起初制作这道美食的以家庭作坊为主，代代相传，直到清朝末年，随着商业的发展，桂花糖粥才逐渐走向街头巷尾。

口味：香甜
制作：将水烧开，放入大米，小火煮熟后加入糖桂花。

水果羹

上海人叫"人客"的客人来拜年了,如不吃饭,一般都要请吃点心。在物流不发达的年代,能吃到罐头橘子和糖水菠萝或黄桃,已是奢侈的享受。一碗水果羹将上海人对生活的精明和精致体现得淋漓尽致。

口味:酸甜
制作:将香蕉、苹果、梨、橘子切成小丁后加入开水中煮至软糯;加入发好的大西米,用糖调味后勾芡即可出锅。

图书在版编目（CIP）数据

寻味上海：本帮菜溯源 / 东湖集团编. -- 上海：
上海文艺出版社，2025(2025.8重印). -- ISBN 978-7-5321-9326-4
Ⅰ. TS972.117
中国国家版本馆CIP数据核字第2025TM8119号

责任编辑：庞　莹
装帧设计：肖晋兴

书　　名：寻味上海：本帮菜溯源
编　　者：东湖集团
出　　版：上海世纪出版集团　上海文艺出版社
地　　址：上海市闵行区号景路159弄A座2楼　201101
发　　行：上海文艺出版社发行中心
　　　　　上海市闵行区号景路159弄A座2楼206室　201101　www.ewen.co
印　　刷：上海盛通时代印刷有限公司
开　　本：787×1092　1/16
印　　张：11.5
图　　文：184面
印　　次：2025年7月第1版　2025年8月第2次印刷
I S B N：978-7-5321-9326-4/G.0425
定　　价：47.00元
告 读 者：如发现本书有质量问题请与印刷厂质量科联系　T: 021-37910000